Exploring the Skies.
A Beginner's Guide to Planetary Atmospheres

ആകാശ വിസ്മയങ്ങൾ: ഗ്രഹങ്ങളുടെ അന്തരീക്ഷങ്ങളിലേക്കുള്ള ഒരു ആമുഖം

Rohan Kapoor

Copyright © [2024]

Title: Exploring the Skies: A Beginner's Guide to Planetary Atmospheres
Author's: Rohan Kapoor

This book was printed and published by [Publisher's: **Rohan Kapoor**] in [2024]

ISBN:

TABLE OF CONTENTS

Chapter 1: Introduction to Atmospheres 14

- What is an atmosphere?
- Composition of atmospheres (gases, aerosols, etc.)
- Importance of atmospheres for life and planetary evolution
- Layers of an atmosphere (troposphere, stratosphere, etc.)

Chapter 2: Earth's Atmosphere: Our Home Sweet Air 26

- Unique features of Earth's atmosphere (nitrogen-oxygen mix, ozone layer)
- How the atmosphere regulates Earth's temperature
- Weather systems and atmospheric circulation
- Human impact on Earth's atmosphere (climate change, pollution)

Chapter 3: Unveiling the Inner Solar System 36

- Exploring the atmospheres of Mercury, Venus, and Mars
- Similarities and differences with Earth's atmosphere
- The Venusian greenhouse effect and its runaway climate
- Mars' thin atmosphere and potential for past habitability

Chapter 4: Gas Giants of the Outer Solar System 46

- Jupiter, Saturn, Uranus, and Neptune: vast worlds with diverse atmospheres
- Hydrogen, helium, and methane: the dominant gases
- The Great Red Spot on Jupiter and other atmospheric storms
- Rings and moons: their influence on planetary atmospheres

Chapter 5: Beyond Our Solar System: Exoplanet Atmospheres 57

- The hunt for exoplanets and their atmospheres
- Different types of exoplanets and their atmospheric possibilities
- Challenges and methods of studying exoplanet atmospheres
- The potential for finding life on planets with Earth-like atmospheres

Chapter 6: Atmospheres and Climate Change 67

- Understanding the greenhouse effect and its impact on climate
- How planetary atmospheres respond to changes in energy input
- Past climate changes on Earth and other planets
- The future of Earth's climate and potential mitigation strategies

Chapter 7: Atmospheres and the Search for Life   77

- Biosignatures: potential signs of life in planetary atmospheres
- The importance of water and habitable zones
- Astrobiology missions searching for life on other planets
- The future of life detection and the search for extraterrestrial intelligence

Chapter 8: The Future of Atmospheric Exploration   87

- New technologies for studying planetary atmospheres
- Upcoming space missions and their objectives
- The potential for human exploration of other planets
- The importance of atmospheric science for understanding our place in the universe

Chapter 9: Conclusion: Looking Up with Wonder 96

- The beauty and complexity of planetary atmospheres
- The awe-inspiring vastness of the universe
- The ongoing quest to understand our place in the cosmos

TABLE OF CONTENTS

അധ്യായം 1: അന്തരീക്ഷങ്ങളുടെ പരിചയം 14

- ഒരു അന്തരീക്ഷം എന്താണ്?
- അന്തരീക്ഷങ്ങളുടെ ഘടകങ്ങൾ (വാതകങ്ങൾ, എയറോസോളുകൾ, മുതലായവ)
- ജീവനും ഗ്രഹ പരിണാമത്തിനും അന്തരീക്ഷങ്ങളുടെ പ്രാധാന്യം
- അന്തരീക്ഷത്തിന്റെ പാളികൾ (ട്രോപ്പോസ്ഫിയർ, സ്ട്രാറ്റോസ്ഫിയർ, മുതലായവ)

അധ്യായം 2: ഭൂമിയുടെ അന്തരീക്ഷം: നമ്മുടെ സ്വപ്നഭവനം 26

ഭൂമിയുടെ അന്തരീക്ഷത്തിന്റെ സവിശേഷതകൾ (നൈട്രജൻ-ഓക്സിജൻ മിശ്രിതം, ഓസോൺ പാളി)

ഭൂമിയുടെ താപനിലയെ നിയന്ത്രിക്കുന്നത് എങ്ങനെ

കാലാവസ്ഥ വ്യവസ്ഥകളും അന്തരീക്ഷ ചലനവും

ഭൂമിയുടെ അന്തരീക്ഷത്തിൽ മനുഷ്യന്റെ സ്വാധീനം (കാലാവസ്ഥാ വ്യതിയാനം, മലിനീകരണം)

അധ്യായം 3: ആന്തരിക സൗരയൂഥത്തിന്റെ രഹസ്യങ്ങൾ 36

- ബുധൻ, ശുക്രൻ, ചൊവ്വ എന്നിവയുടെ അന്തരീക്ഷങ്ങൾ പര്യവേക്ഷണം ചെയ്യുന്നു
- ഭൂമിയുടെ അന്തരീക്ഷവുമായുള്ള സമാനതകളും വ്യത്യാസങ്ങളും
- ശുക്രന്റെ ഗ്രീൻഹൗസ് പ്രഭാവവും അതിന്റെ നിയന്ത്രണമില്ലാത്ത കാലാവസ്ഥയും
- ചൊവ്വയുടെ നേർത്ത അന്തരീക്ഷവും ഭൂതകാല ജീവസാധ്യതയും

അധ്യായം 4: ബാഹ്യ സൗരയൂഥത്തിന്റെ വാതക ഭീമന്മാർ 46

- വ്യത്യസ്ത അന്തരീക്ഷങ്ങളുള്ള വിശാല ലോകങ്ങൾ: വ്യാഴം, ശനി, യുറാനസ്, നെപ്റ്റ്യൂൺ

- പ്രധാന വാതകങ്ങൾ: ഹൈഡ്രജൻ, ഹീലിയം, മീഥേൻ

- വ്യാഴത്തിലെ മഹാ ചുവന്ന പൊട്ടും മറ്റ് അന്തരീക്ഷ മേഘങ്ങളും

- വലയങ്ങളും ഉപഗ്രഹങ്ങളും: ഗ്രഹങ്ങളുടെ അന്തരീക്ഷങ്ങളിലെ സ്വാധീനം

അധ്യായം 5: നമ്മുടെ സൗരയൂഥത്തിനപ്പുറം: എക്സോഗ്രഹ അന്തരീക്ഷങ്ങൾ 57

- എക്സോഗ്രഹങ്ങളുടെയും അവയുടെ അന്തരീക്ഷങ്ങളുടെയും തിരയൽ
- വിവിധ തരത്തിലുള്ള എക്സോഗ്രഹങ്ങളും അവയുടെ അന്തരീക്ഷ സാധ്യതകളും
- എക്സോഗ്രഹ അന്തരീക്ഷങ്ങൾ പഠിക്കുന്നതിലെ വെല്ലുവിളികളും രീതികളും
- ഭൂമിയോട് സമാനമായ അന്തരീക്ഷമുള്ള ഗ്രഹങ്ങളിൽ ജീവൻ കണ്ടെത്താനുള്ള സാധ്യത

അധ്യായം 6: അന്തരീക്ഷങ്ങളും കാലാവസ്ഥാ വ്യതിയാനവും 67

- ഗ്രീൻഹൗസ് പ്രഭാവവും അതിന്റെ കാലാവസ്ഥയിലെ സ്വാധീനവും മനസ്സിലാക്കുക
- ഊർജ്ജ ഇൻപുട്ടിലെ മാറ്റങ്ങളോട് ഗ്രഹങ്ങളുടെ അന്തരീക്ഷങ്ങൾ എങ്ങനെ പ്രതികരിക്കുന്നു
- ഭൂമിയിലെയും മറ്റ് ഗ്രഹങ്ങളിലെയും ഭൂതകാല കാലാവസ്ഥാ വ്യതിയാനങ്ങൾ
- ഭൂമിയുടെ ഭാവി കാലാവസ്ഥയും സാധ്യമായ ലഘൂകരണ തന്ത്രങ്ങളും

അധ്യായം 7: അന്തരീക്ഷങ്ങളും ജീവന്റെ തിരയലും   77

- ജൈവഅടയാളങ്ങൾ: ഗ്രഹങ്ങളുടെ അന്തരീക്ഷങ്ങളിൽ ജീവന്റെ സാധ്യതയുള്ള സൂചനകൾ
- ജലത്തിന്റെയും വാസയോഗ്യ മേഖലകളുടെയും പ്രാധാന്യം
- മറ്റ് ഗ്രഹങ്ങളിൽ ജീവൻ തേടുന്ന ജ്യോതിശാസ്ത്ര ദൗത്യങ്ങൾ
- ജീവൻ കണ്ടെത്തലിന്റെ ഭാവിയും ബഹിരാകാശ ബുദ്ധിയുടെ തിരയലും

അധ്യായം 8: അന്തരീക്ഷ പര്യവേക്ഷണത്തിന്റെ ഭാവി   87

- ഗ്രഹങ്ങളുടെ അന്തരീക്ഷങ്ങൾ പഠിക്കുന്നതിനുള്ള പുതിയ സാങ്കേതികവിദ്യകൾ
- വരാനിരിക്കുന്ന ബഹിരാകാശ ദൗത്യങ്ങളും അവയുടെ ലക്ഷ്യങ്ങളും
- മറ്റ് ഗ്രഹങ്ങളുടെ മനുഷ്യ പര്യവേക്ഷണ സാധ്യത
- നമ്മുടെ സ്ഥാനം മനസ്സിലാക്കുന്നതിന് അന്തരീക്ഷ ശാസ്ത്രത്തിന്റെ പ്രാധാന്യം

അധ്യായം 9: നിഗമനം: അത്ഭുതത്തോടെ മുകളിലേക്ക് നോക്കുക 96

- ഗ്രഹങ്ങളുടെ അന്തരീക്ഷങ്ങളുടെ സൗന്ദര്യവും സങ്കീർണതയും

- വിസ്മയാവഹമായ വിശാലത

- നമ്മുടെ സ്ഥാനം മനസ്സിലാക്കാനുള്ള നിരന്തരമായ അന്വേഷണം

Chapter 1: Introduction to Atmospheres

- What is an atmosphere?
- Composition of atmospheres (gases, aerosols, etc.)
- Importance of atmospheres for life and planetary evolution
- Layers of an atmosphere (troposphere, stratosphere, etc.)

Chapter 1: Introduction to Atmospheres

അധ്യായം 1: അന്തരീക്ഷങ്ങളുടെ പരിചയം

അന്തരീക്ഷം എന്താണ്?

നമ്മൾ ശ്വസിക്കുന്ന വായു മുതൽ ഗ്രഹങ്ങളെ ചുറ്റിപ്പറ്റുന്ന അദൃശ്യമായ പാളികൾ വരെ - അന്തരീക്ഷം എന്ന പദം വളരെ വിശാലമാണ്. ഇത് ഗ്രഹങ്ങളുടെ ചുറ്റും ഉള്ള വാതകങ്ങളുടെയും മറ്റ് കണങ്ങളുടെയും മിശ്രിതമാണ്, ഗുരുത്വാകർഷണം അത് സ്ഥിരമായി നിലനിർത്തുന്നു. ഭൂമി പോലുള്ള ചില ഗ്രഹങ്ങൾക്ക് ജീവൻ നിലനിൽക്കുന്നതിന് അനുയോജ്യമായ അന്തരീക്ഷമുണ്ട്, മറ്റുചിലവ പരുഷവും ജീവനില്ലാത്തതുമാണ്. അന്തരീക്ഷം ഗ്രഹത്തിന്റെ കാലാവസ്ഥയെ നിയന്ത്രിക്കുകയും ഗ്രഹശാസ്ത്ര പഠനങ്ങളിൽ നിർണായക പങ്ക് വഹിക്കുകയും ചെയ്യുന്നു.

അന്തരീക്ഷത്തിന്റെ ഘടകങ്ങൾ:

ഭൂമിയുടെ അന്തരീക്ഷം പ്രധാനമായും നൈട്രജൻ (78%), ഓക്സിജൻ (21%), തുച്ഛമായ അളവിൽ ആർഗോൺ, കാർബൺ ഡൈ ഓക്സൈഡ്, മറ്റ് വാതകങ്ങൾ എന്നിവ കൊണ്ടാണ് നിർമ്മിതമായിരിക്കുന്നത്. ഈ വാതകങ്ങളുടെ അനുപാതം ഗ്രഹത്തെ ആശ്രയിച്ച് വ്യത്യാസപ്പെട്ടിരിക്കും. വാതകങ്ങൾക്കൊപ്പം

അന്തരീക്ഷത്തിൽ പൊടിപടലങ്ങൾ, മേഘങ്ങൾ, ജലത്തിന്റെ ആവി തുടങ്ങിയ മറ്റ് ചെറിയ കണികകളും അടങ്ങിയിരിക്കുന്നു.

അന്തരീക്ഷത്തിന്റെ പാളികൾ:

ഭൂമിയുടെ അന്തരീക്ഷം വ്യത്യസ്ത വായുമർദ്ദവും താപനിലയും ഉള്ള നിരവധി പാളികളായി തിരിച്ചിരിക്കുന്നു. പ്രധാന പാളികൾ ഇവയാണ്:

- ട്രോപ്പോസ്ഫിയർ: ഭൂമിയുടെ ഉപരിതലവുമായി സമ്പർക്കം പുലർത്തുന്ന ഏറ്റവും താഴെയുള്ള പാളി, ഇവിടെയാണ് കാലാവസ്ഥാ പ്രതിഭാസങ്ങൾ നടക്കുന്നത്.

- സ്ട്രാറ്റോസ്ഫിയർ: ഓസോൺ പാളി ഉൾക്കൊള്ളുന്ന പാളി, ഇത് ഹഌികരമായ അൾട്രാവയലറ്റ് രശ്മികളെ ആഗിരണം ചെയ്യുന്നു.

- മെസോസ്ഫിയർ: താപനില കുറയുന്നതും വ്യോമമമർദ്ദം ഗണ്യമായി കുറയുന്നതുമായ പാളി.

- തെർമോസ്ഫിയർ: സൂര്യനിൽ നിന്നുള്ള കണികകളാൽ ചൂടാകുന്ന മുകളിലെ പാളി, ഇവിടെ വടക്കേയും തെക്കേയും ധ്രുവങ്ങളിൽ ഓറോറ ബൊറിയാലിസ് (ഉത്തരധ്രുവത്തിൽ) ഓറോറ ഓസ്ട്രാലിസ് (തെക്കേ ധ്രുവത്തിൽ) എന്നിവ സംഭവിക്കുന്നു.

- എക്സോസ്ഫിയർ: അന്തരീക്ഷത്തിന്റെ ഏറ്റവും മുകളിലെ പാളി, ഇവിടെ വാതക തന്മാത്രകൾ

വളരെ അപൂർവവും ബഹിരാകാശവുമായി ലയിച്ചുചേരുന്നു.

അന്തരീക്ഷത്തിന്റെ ഘടന: വാതകങ്ങൾ, എയറോസോളുകൾ, മറ്റ് കണികകൾ

നമ്മൾ ചുറ്റും കാണുന്ന വായു അഥവാ അന്തരീക്ഷം ഏതാനും വാതകങ്ങളുടെ മിശ്രിതമല്ല, മറിച്ച് വൈവിധ്യമേറിയ ഘടകങ്ങൾ ചേർന്ന ഒരു സങ്കീർണ്ണമായ പരിസ്ഥിതിയാണ്. ഈ ഘടകങ്ങൾ പ്രധാനമായും മൂന്നായി തരംതിരിക്കാം:

- വാതകങ്ങൾ: അന്തരീക്ഷത്തിന്റെ ഭൂരിഭാഗവും ഉൾക്കൊള്ളുന്നത് വാതകങ്ങളാണ്. ഓരോ ഗ്രഹത്തിന്റെയും അന്തരീക്ഷത്തിന്റെ ഘടന വ്യത്യസ്തമായിരിക്കും. ഉദാഹരണത്തിന്, ഭൂമിയുടെ അന്തരീക്ഷത്തിൽ പ്രധാനമായും നൈട്രജൻ (78%), ഓക്സിജൻ (21%), ആർഗോൺ (0.9%), കാർബൺ ഡൈ ഓക്സൈഡ് (0.04%) എന്നിവ അടങ്ങിയിരിക്കുന്നു. മറ്റ് ഗ്രഹങ്ങളിൽ, ഹൈഡ്രജൻ, ഹീലിയം, മീഥേൻ തുടങ്ങിയ വാതകങ്ങൾ കൂടുതലായി കാണപ്പെടുന്നു.

- എയറോസോളുകൾ: വായുവില് തങ്ങിനില്ക്കുന്ന ദ്രവക കണികകളുടെയോ ഖരഠ കണികകളുടെയോ സംയുക്തമാണ് എയറോസോൾ. ധൂള്, പുക, മഞ്ഞ്, മേഘങ്ങൾ എന്നിവ ഇതിന്റെ ഉദാഹരണങ്ങളാണ്. എയറോസോളുകൾ അന്തരീക്ഷത്തിന്റെ താപനിലയെയും കാലാവസ്ഥയെയും സ്വാധീനിക്കുന്നു. മറ്റ്

കണികകൾ: അന്തരീക്ഷത്തിൽ വാതകങ്ങളും എയറോസോളുകളും കൂടാതെ മറ്റ് ചെറിയ കണികകളും കാണപ്പെടുന്നു. ഉദാഹരണത്തിന്, ജലത്തിന്റെ ആവി, ഉപ്പിന്റെ കണികകൾ, പരാഗരേണുകൾ തുടങ്ങിയവ. ഈ കണികകൾ മേഘങ്ങളുടെ രൂപീകരണത്തിലും കാലാവസ്ഥാ പ്രതിഭാസങ്ങളിലും പ്രധാന പങ്ക് വഹിക്കുന്നു.

അന്തരീക്ഷത്തിന്റെ ഘടന ഗ്രഹത്തിന്റെ ചരിത്രം, അതിന്റെ പരിസ്ഥിതി, ജീവന്റെ സാന്നിധ്യം എന്നിവയെക്കുറിച്ച് വിലപ്പെട്ട വിവരങ്ങൾ നൽകുന്നു. ഉദാഹരണത്തിന്, ഭൂമിയുടെ അന്തരീക്ഷത്തിലെ ഓക്സിജന്റെ സാന്നിധ്യം ഫോട്ടോസിന്തസിസ് നടത്തുന്ന ജീവികളുടെ പരിണാമത്തിന് കാരണമായി. മറ്റ് ഗ്രഹങ്ങളിലെ അന്തരീക്ഷത്തിലെ വാതകങ്ങളുടെ അനുപാതം അവിടെ ജീവൻ നിലനിൽക്കാൻ സാധ്യതയുണ്ടോ എന്ന് നിർണ്ണയിക്കാൻ ശാസ്ത്രജ്ഞരെ സഹായിക്കുന്നു.

ഗ്രഹങ്ങളുടെ പരിണാമത്തിനും ജീവന്റെ നിലനില്പ്പിനും അന്തരീക്ഷങ്ങളുടെ പ്രാധാന്യം

മനുഷ്യകുലം ചുറ്റിക്കറങ്ങുന്ന ഈ അദൃശ്യമായ പാളി കേവലം വായുവിന്റെ ഒരു മിശ്രിതമല്ല. മറിച്ച്, ഗ്രഹങ്ങളുടെ പരിണാമത്തിനും ജീവന്റെ നിലനില്പ്പിനും നിർണായക പങ്ക് വഹിക്കുന്ന സങ്കീർണ്ണവും വിസ്മയകരവുമായ ഒരു പരിസ്ഥിതിയാണ് അന്തരീക്ഷം. സൗരയൂഥത്തിലെ വൈവിധ്യമാർന്ന ഗ്രഹങ്ങളുടെ ഉദാഹരണങ്ങൾ നോക്കിയാൽ അന്തരീക്ഷങ്ങളുടെ സ്വാധീനം വ്യക്തമാകും.

ജീവൻ നിലനില്പ്പിന് അടിസ്ഥാനം:

ഭൂമിയിൽ നമുക്കറിയാവുന്ന രൂപത്തിലുള്ള ജീവൻ നിലനിൽക്കാൻ അന്തരീകക്ഷങ്ങൾ അനിവാര്യമാണ്. അതിന് പ്രധാന കാരണങ്ങൾ ഇവയാണ്:

- ഓക്സിജൻ ലഭ്യത: ഭൂമിയുടെ അന്തരീക്ഷത്തിന്റെ 21% ഓക്സിജൻ അടങ്ങിയിരിക്കുന്നു. ഭൂരിഭാഗം ജീവികൾക്കും ശ്വസിക്കാനും ഊർജ്ജം ഉണ്ടാക്കാനും ഓക്സിജൻ ആവശ്യമാണ്. മറ്റ് ഗ്രഹങ്ങളിലെ അന്തരീക്ഷത്തിൽ ഓക്സിജൻ കുറവോ ഇല്ലാത്തതോ ആയതിനാൽ അവിടെ ജീവൻ നിലനിൽക്കില്ലെന്ന് കരുതപ്പെടുന്നു.

- ഗ്രഹോപരിതല താപനില നിയന്ത്രണം: അന്തരീക്ഷം ഒരു പുതപ്പു പോലെ

ഭൂമിയെ ചുറ്റിപ്പൊതിഞ്ഞ് സൂര്യനിൽ നിന്നുള്ള അധിക ഊർജ്ജത്തെ ആഗിരണം ചെയ്ത് പുറത്തേക്ക് വിടുന്നു. ഇത് ഭൂമിയുടെ ശരാശരി താപനിലയെ സ്ഥിരമായി നിലനിർത്താൻ സഹായിക്കുന്നു. ഭൂമിയുടെ അന്തരീക്ഷത്തില്ലായിരുന്നെങ്കിൽ പകൽ വളരെ ചൂടും രാത്രി വളരെ തണുപ്പുമായിരിക്കും. ഇത്തരം തീവ്രമായ താപനില വ്യതിയാനങ്ങൾ ജീവൻ നിലനിൽക്കാൻ അനുയോജ്യമായ സാഹചര്യങ്ങൾ സൃഷ്ടിക്കില്ല.

- ഹാനികരമായ രശ്മികളിൽ നിന്നുള്ള സംരക്ഷണം: സൂര്യനിൽ നിന്ന് പുറപ്പെടുന്ന അൾട്രാവയലറ്റ് (UV) രശ്മികൾ ജീവകണങ്ങൾക്ക് ഹാനികരമാണ്. എന്നാൽ ഭൂമിയുടെ അന്തരീക്ഷത്തിലെ ഓസോൺ പാളി ഭൂരിഭാഗം UV രശ്മികളെയും ആഗിരണം ചെയ്യുന്നു. ഇത് ജീവനെ സംരക്ഷിക്കുകയും അവ വികസിക്കാനും പരിണമിക്കാനും അനുവദിക്കുന്നു.

ഗ്രഹ പരിണാമത്തിലെ പങ്ക്:

അന്തരീക്ഷങ്ങൾ ഗ്രഹങ്ങളുടെ പരിണാമത്തിലും നിർണായക പങ്ക് വഹിക്കുന്നു. ഉദാഹരണത്തിന്:

- ഗ്രഹശാസ്ത്ര പ്രതിഭാസങ്ങൾ: അന്തരീക്ഷത്തിലെ വാതകങ്ങളുടെ ഇടപഴകൽ മഴ, മഞ്ഞു, കാറ്റ്

തുടങ്ങിയ കാലാവസ്ഥാ പ്രതിഭാസങ്ങൾ സൃഷ്ടിക്കുന്നു.

അന്തരീക്ഷത്തിന്റെ പാളികൾ: ഭൂമിയുടെ സംരക്ഷക വലയങ്ങൾ

ഭൂമിയുടെ ചുറ്റും കാണുന്ന ഒറ്റമയ മിശ്രിതമല്ല അന്തരീക്ഷം. മറിച്ച്, വ്യത്യസ്ത താപനിലയും വായുമർദ്ദവും ഉള്ള നിരവധി പാളികളായാണ് ഇത് ക്രമീകരിച്ചിരിക്കുന്നത്. ഓരോ പാളിക്കും പ്രത്യേകതകളുണ്ട്, ഭൂമിയുടെ സംരക്ഷണത്തിലും കാലാവസ്ഥയിലും നിർണായക പങ്ക് വഹിക്കുന്നു. ഈ പാളികളെക്കുറിച്ച് കൂടുതൽ മനസ്സിലാക്കാം:

1. ട്രോപ്പോസ്ഫിയർ (Troposphere):

- ഭൂമിയുടെ ഉപരിതലത്തിൽ നിന്ന് ഏകദേശം 10-17 കിലോമീറ്റർ വരെ ഉയരത്തിലാണ് ട്രോപ്പോസ്ഫിയർ സ്ഥിതി ചെയ്യുന്നത്.

- ഇത് അന്തരീക്ഷത്തിന്റെ ഏറ്റവും താഴെയുള്ളതും ഏറ്റവും സാന്ദ്രതയുള്ളതുമായ പാളിയാണ്. ഭൂമിയുടെ മൊത്തം വായുവിന്റെ 75% ട്രോപ്പോസ്ഫിയറിൽ അടങ്ങിയിരിക്കുന്നു.

- കാലാവസ്ഥാ പ്രതിഭാസങ്ങളുടെ കേന്ദ്രമായ ഇവിടെയാണ് മേഘങ്ങൾ രൂപപ്പെടുകയും മഴ, മഞ്ഞു, കാറ്റ് എന്നിവ ഉണ്ടാകുകയും ചെയ്യുന്നത്.

- താപനില ഉയരം കൂടുന്നതിന് അനുസരിച്ച് കുറയുന്ന സ്വഭാവമുണ്ട്.

2. സ്ട്രാറ്റോസ്ഫിയർ (Stratosphere):

- ട്രോപ്പോസ്ഫിയറിന് മുകളിലായി ഏകദേശം 50 കിലോമീറ്റർ വരെ ഉയരത്തിലാണ് സ്ട്രാറ്റോസ്ഫിയർ സ്ഥിതി ചെയ്യുന്നത്.

- ഇവിടെ വായുമർദ്ദം കുറവാണ്, താപനില ഉയരം കൂടുന്നതിന് അനുസരിച്ച് വർദ്ധിക്കുന്നു.

- പ്രധാന സവിശേഷത ഓസോൺ പാളിയുടെ സാന്നിധ്യമാണ്. ഈ പാളി സൂര്യനിൽ നിന്നുള്ള ഹാനികരമായ അൾട്രാവയലറ്റ് രശ്മികളെ ആഗിരണം ചെയ്യുന്നതിലൂടെ ജീവനെ സംരക്ഷിക്കുന്നു.

- വ്യോമയാനത്തിന് ഏറ്റവും അനുയോജ്യമായ പാളി ഇതാണ്.

3. മെസോസ്ഫിയർ (Mesosphere):

- സ്ട്രാറ്റോസ്ഫിയറിന് മുകളിലായി 80-85 കിലോമീറ്റർ വരെ ഉയരത്തിലാണ് മെസോസ്ഫിയർ സ്ഥിതി ചെയ്യുന്നത്.

- താപനില വളരെ കുറവാണ്, രാത്രിയിൽ -100°C വരെ എത്താം.

- ഈ പാളിയിലാണ് മിക്ക ഉൽക്കകളും കത്തിച്ചടയുന്നത്.

- വ്യോമമർദ്ദം വളരെ കുറവായതിനാൽ ഇവിടെ മേഘങ്ങളില്ല.

4. തെർമോസ്ഫിയർ (Thermosphere):

- മെസോസ്ഫിയറിന് മുകളിലായി 500-1000 കിലോമീറ്റർ വരെ ഉയരത്തിലാണ് തെർമോസ്ഫിയർ സ്ഥിതി ചെയ്യുന്നത്.

Chapter 2: Earth's Atmosphere: Our Home Sweet Air

- Unique features of Earth's atmosphere (nitrogen-oxygen mix, ozone layer)

- How the atmosphere regulates Earth's temperature

- Weather systems and atmospheric circulation

- Human impact on Earth's atmosphere (climate change, pollution)

Chapter 2: Earth's Atmosphere: Our Home Sweet Air

അധ്യായം 2: ഭൂമിയുടെ അന്തരീക്ഷം: നമ്മുടെ സ്വപ്നഭവനം

ഭൂമിയുടെ സവിശേഷതകൾ: അന്തരീക്ഷത്തിന്റെ ജീവന്റെ ഗാനം മുഴങ്ങുന്ന വായുമണ്ഡലം

ഭൂമിയെ ചുറ്റിപ്പറ്റുന്ന അദൃശ്യമായ പുതപ്പ് നമ്മുടേതല്ലാത്ത പല ഗ്രഹങ്ങളെയും പഠിക്കുമ്പോൾ അതിന്റെ വൈജ്ഞാനിക പ്രാധാന്യം കൂടുതൽ വ്യക്തമാകുന്നു. സൗരയൂഥത്തിൽ തനതായ സവിശേഷതകളും ജീവൻ നിലനിൽക്കാൻ അനുയോജ്യമായ സാഹചര്യങ്ങൾ ഒരുക്കുന്നതുമായ അന്തരീക്ഷം ഭൂമിയുടെ മാത്രം പ്രത്യേകതയാണ്. ഇതിൽ ഏറ്റവും ശ്രദ്ധേയമായ രണ്ട് സവിശേഷതകൾ നൈട്രജൻ-ഓക്സിജൻ മിശ്രിതവും ഓസോൺ പാളിയുടെ സാന്നിധ്യവുമാണ്.

നൈട്രജൻ-ഓക്സിജൻ മിശ്രിതം: ജീവന്റെ ശ്വാസം

ഭൂമിയുടെ അന്തരീക്ഷത്തിന്റെ 78% നൈട്രജനും 21% ഓക്സിജനും അടങ്ങിയിരിക്കുന്നു. ഈ പ്രത്യേക അനുപാതം ഭൂമിയിലെ ജീവജാലങ്ങളുടെ പരിണാമത്തിനും

നിലനിൽപ്പിനും അടിസ്ഥാനപരമാണ്. ഇതിന് പ്രധാന കാരണങ്ങൾ ഇവയാണ്:

നൈട്രജൻ: ജീവന്റെ അടിസ്ഥാനഘടകം: ഭൂമിയിലെ എല്ലാ ജീവജാലങ്ങളിലും അടങ്ങിയിരിക്കുന്ന പ്രധാന ഘടകങ്ങളിൽ ഒന്നാണ് നൈട്രജൻ. പ്രോട്ടീനുകൾ, ന്യൂക്ലിക് ആസിഡുകൾ തുടങ്ങിയ ജീവന്റെ അടിസ്ഥാനഘടകങ്ങൾ രൂപപ്പെടാൻ നൈട്രജൻ ആവശ്യമാണ്. ഭൂമിയുടെ അന്തരീക്ഷത്തിന്റെ ഭൂരിഭാഗവും നൈട്രജൻ ആയതിനാൽ, അത് എല്ലാ ജീവികൾക്കും ലഭ്യമാകുന്നു.

ഓക്സിജൻ: ശ്വസനത്തിന്റെ ഉറവിടം: നമ്മൾ ശ്വസിക്കുന്ന ഓക്സിജൻ പ്രധാനമായും ഫോട്ടോസിന്തസിസ് എന്ന പ്രക്രിയയിലൂടെയാണ് ഉണ്ടാകുന്നത്. സസ്യങ്ങൾ സൂര്യപ്രകാശത്തെ ഉപയോഗിച്ച് വായുവിലെ കാർബൺ ഡൈ ഓക്സൈഡിൽ നിന്ന് ഓക്സിജൻ ഉത്പാദിപ്പിക്കുന്നു. ഭൂമിയുടെ അന്തരീക്ഷത്തിലെ 21% ഓക്സിജൻ മൃഗങ്ങൾക്ക് ശ്വസിക്കാനും ഊർജ്ജം ഉണ്ടാക്കാനും ആവശ്യമാണ്.

മറ്റ് ഗ്രഹങ്ങളിൽ നൈട്രജൻ അധികമായോ കുറഞ്ഞയോ അല്ലെങ്കിൽ ഓക്സിജൻ പൂർണ്ണമായും ഇല്ലാത്തതോ ആയ സന്ദർഭങ്ങളുണ്ട്. ഇത് അവിടെ ജീവൻ നിലനിൽക്കാൻ പറ്റുമോ എന്ന സാധ്യതയെ ചോദ്യം ചെയ്യുന്നു.

ഓസോൺ പാളി: ജീവന്റെ കവചം

ഭൂമിയുടെ അന്തരീക്ഷത്തിലെ സവിശേഷതകളിൽ ഏറ്റവും പ്രധാനപ്പെട്ട ഒന്നാണ് ഓസോൺ പാളി. സ്ട്രാറ്റോസ്ഫിയറിലെ ഏകദേശം 15-35 കിലോമീറ്റർ ഉയരത്തിലാണ് ഈ പാളി സ്ഥിതി ചെയ്യുന്നത്.

ഭൂമിയുടെ അന്തരീക്ഷം: താപനിലയുടെ നിയന്താവ്

നമ്മൾ ദിനംപ്രതി അനുഭവിക്കുന്ന കാലാവസ്ഥ വ്യതിയാനങ്ങൾ ആകസ്മികമല്ല. വാസ്തവത്തിൽ, ഭൂമിയുടെ അന്തരീക്ഷം ഒരു സങ്കീർണ്ണവും സന്തുലിതവുമായ സംവിധാനത്തിലൂടെ ഭൂമിയുടെ ശരാശരി താപനിലയെ നിയന്ത്രിക്കുന്നു. ഈ സംവിധാനത്തിന്റെ ഹൃദയഭാഗത്ത് വ്യത്യസ്ത വാതകങ്ങളും അവയുടെ പ്രഭാവങ്ങളും തമ്മിലുള്ള ഇടപഴകലുകളാണ്. അന്തരീക്ഷം എങ്ങനെയാണ് ഭൂമിയുടെ താപനിലയെ നിയന്ത്രിക്കുന്നതെന്ന് മനസ്സിലാക്കാൻ നമുക്ക് ഈ പ്രക്രിയയിലൂടെ സഞ്ചരിക്കാം.

ഗ്രീൻഹൗസ് പ്രഭാവം: ചൂട് പിടിച്ചുവെക്കൽ

സൂര്യനിൽ നിന്ന് ഊർജ്ജം ഭൂമിയെ താപിപ്പിക്കുന്നു. ഈ ഊർജ്ജത്തിന്റെ ഒരു ഭാഗം ഭൂമി തിരിച്ചയയ്ക്കുന്നു, ബാക്കി അന്തരീക്ഷത്തിലെ വാതകങ്ങൾ ആഗിരണം ചെയ്യുന്നു. ഈ ആഗിരണം ചില പ്രത്യേക വാതകങ്ങളുടെ പ്രത്യേക ഗുണമാണ്. ഗ്രീൻഹൗസ് വാതകങ്ങൾ എന്നറിയപ്പെടുന്ന ഈ വാതകങ്ങൾ താപനില നിലനിർത്താൻ ഒരു ഗ്രീൻഹൗസിന്റെ പ്രവർത്തനം അനുകരിക്കുന്നു. അവ സൂര്യനിൽ നിന്നുള്ള അൾട്രാവയലറ്റ് തരംഗങ്ങളെ കടത്തിവിടുന്നു, പക്ഷേ ഭൂമിയിൽ നിന്നുള്ള ഇൻഫ്രാറെഡ് തരംഗങ്ങളെ പുറത്തേക്ക്

വിടാതെ പിടിച്ചുവെക്കുന്നു. ഇത് ഭൂമിയെ ചുറ്റിപ്പറ്റി ഒരു താപ പുതപ്പു പോലെ പ്രവർത്തിക്കുന്നു, ശരാശരി താപനില ഏകദേശം 15 ഡിഗ്രി സെൽഷ്യസിനു മുകളിൽ നിലനിർത്തുന്നു.

പ്രധാന താരങ്ങൾ: കളിക്കളത്തിലെ വാതകങ്ങൾ

ഒരു ഫുട്ബോൾ മത്സരത്തിലെ കളിക്കാർ പോലെ, ഓരോ വാതകവും താപനില നിയന്ത്രണത്തിൽ അതിൻ്റേതായ പങ്ക് വഹിക്കുന്നു.

- കാർബൺ ഡൈ ഓക്സൈഡ് (CO2): ഏറ്റവും പ്രധാനപ്പെട്ട ഗ്രീൻഹൗസ് വാതകമാണ് CO2. ഇത് അന്തരീക്ഷത്തിലെ 0.04% മാത്രമാണ്, പക്ഷേ ചൂട് പിടിച്ചുവെക്കുന്ന കാര്യത്തിൽ മുൻ പന്തിയിലാണ്. സസ്യങ്ങൾ ഫോട്ടോസിന്തസിസ് നടത്താനും മൃഗങ്ങൾ ശ്വസിക്കാനും ഇത് ആവശ്യമാണ്.

- മീഥേൻ (CH4): CO2നേക്കാൾ 25 മട് ശക്തമായ ഗ്രീൻഹൗസ് വാതകമാണ് മീഥേൻ. ഭൂമിയുടെ അന്തരീക്ഷത്തിൽ ഇതിൻ്റെ അളവ് വളരെ കുറവാണ് (0.000179%), പക്ഷേ ഭൂമിയുടെ താപനിലയിൽ ഇതിൻ്റെ സ്വാധീനം ഗണ്യമാണ്.

കാലാവസ്ഥാ സംവിധാനങ്ങളും അന്തരീക്ഷ ചലനങ്ങളും: നമ്മുടെ ദൈനംദിന ജീവിതത്തെ രൂപകൽപ്പന ചെയ്യുന്ന ഭൂമിയുടെ നൃത്തം

നമ്മൾ ദിവസവും അനുഭവിക്കുന്ന സൂര്യപ്രകാശം, മഴ, കാറ്റ് എന്നിവയെല്ലാം ഭൂമിയുടെ അന്തരീക്ഷത്തിലെ സങ്കീർണ്ണവും അതിശയകരവുമായ പ്രതിഭാസങ്ങളുടെ ഫലമാണ്. അന്തരീക്ഷത്തിലെ വായു കണങ്ങളുടെ മൊത്തത്തിലുള്ള ചലനത്തെ "അന്തരീക്ഷ ചലനം" എന്ന് വിളിക്കുന്നു. ഈ ചലനം കാലാവസ്ഥാ വ്യതിയാനങ്ങൾക്ക് കാരണമാകുന്ന വിവിധ "കാലാവസ്ഥാ സംവിധാനങ്ങൾ" സൃഷ്ടിക്കുന്നു. ഈ ലേഖനത്തിൽ, അന്തരീക്ഷ ചലനങ്ങളും കാലാവസ്ഥാ സംവിധാനങ്ങളും എങ്ങനെ പ്രവർത്തിക്കുന്നുവെന്നും അവ നമ്മുടെ ദൈനംദിന ജീവിതത്തെ എങ്ങനെ സ്വാധീനിക്കുന്നുവെന്നും നമുക്ക് പരിശോധിക്കാം.

അന്തരീക്ഷ ചലനത്തിന്റെ ഊർജ്ജസ്രോതസ്സ്: സൂര്യനും ഭൂമിയുടെ രൂപവും

സൂര്യനിൽ നിന്നുള്ള താപനിലയാണ് അന്തരീക്ഷ ചലനത്തിന്റെ പ്രധാന ഊർജ്ജസ്രോതസ്സ്. ഭൂമിയുടെ ഉപരിതലം വ്യത്യസ്ത രീതികളിൽ സൂര്യതാപം ആഗിരണം ചെയ്യുന്നു. ഉദാഹരണത്തിന്, കടൽ വായുവിനേക്കാൾ

സൂര്യതാപം കൂടുതൽ സമയം പിടിച്ചുനിർത്തുന്നു. ഈ താപനില വ്യത്യാസങ്ങൾ വായു സാന്ദ്രതയിലെ മാറ്റങ്ങൾ സൃഷ്ടിക്കുന്നു, അത് ഉയർന്ന മർദ്ദ മേഖലകളിൽ നിന്ന് താഴ്ന്ന മർദ്ദ മേഖലകളിലേക്ക് വായു ചലിക്കാൻ കാരണമാകുന്നു. ഇതാണ് അടിസ്ഥാനപരമായ അന്തരീക്ഷ ചലനം.

ഭൂമിയുടെ ഗോളാകൃതിയും അന്തരീക്ഷ ചലനത്തെ സ്വാധീനിക്കുന്നു. ഭൂമധ്യരേഖയ്ക്ക് സമീപം കൂടുതൽ സൂര്യതാപം ലഭിക്കുന്നതിനാൽ അവിടെ വായു ചൂടാകുകയും ഉയരുകയും ചെയ്യുന്നു. ഉയർന്ന വായു ധ്രുവങ്ങളിലേക്ക് ഒഴുകുകയും തണുക്കുകയും ചെയ്യുന്നു. ഈ ചലനം ഭൂമധ്യരേഖയിൽ നിന്ന് ധ്രുവങ്ങളിലേക്ക് ഊർജ്ജം കൊണ്ടുപോകുന്നതിനും വ്യത്യസ്ത അക്ഷാംശങ്ങളിൽ വ്യത്യസ്ത കാലാവസ്ഥകൾ സൃഷ്ടിക്കുന്നതിനും സഹായിക്കുന്നു.

പ്രധാന കാലാവസ്ഥാ സംവിധാനങ്ങൾ: നൃത്തത്തിന്റെ ചുവടുകൾ

സൂര്യനിൽ നിന്നുള്ള താപനിലയും ഭൂമിയുടെ രൂപവും സൃഷ്ടിക്കുന്ന അടിസ്ഥാന ചലനങ്ങളിൽ നിന്ന് വിവിധ കാലാവസ്ഥാ സംവിധാനങ്ങൾ ഉയർന്നുവരുന്നു.

മനുഷ്യന്റെ സ്വാധീനം ഭൂമിയുടെ അന്തരീക്ഷത്തിൽ: കാലാവസ്ഥാ വ്യതിയാനവും മലിനീകരണവും

മനുഷ്യന്റെ വികസനവും പുരോഗതിയും അഭിവൃദ്ധിയും ആഗ്രഹിക്കുന്നതോടൊപ്പം തന്നെ ഭൂമിയുടെ പരിസ്ഥിതിക്കും അന്തരീക്ഷത്തിനും നമ്മൾ വരുത്തുന്ന ദോഷഫലങ്ങളെക്കുറിച്ചും ബോധവന്മാരാകേണ്ടതുണ്ട്. ഭൂമിയുടെ അന്തരീക്ഷത്തിന്റെ സന്തുലിതാവസ്ഥയെ താറടിക്കുന്ന രണ്ട് പ്രധാന ഭീഷണികളാണ് കാലാവസ്ഥാ വ്യതിയാനവും വായു മലിനീകരണവും. ഈ ലേഖനത്തിൽ, മനുഷ്യന്റെ പ്രവർത്തനങ്ങൾ ഭൂമിയുടെ അന്തരീക്ഷത്തെ എങ്ങനെ ബാധിക്കുന്നുവെന്നും അതിന്റെ ഫലങ്ങൾ എന്തൊക്കെയാണെന്നും നമുക്ക് പരിശോധിക്കാം.

കാലാവസ്ഥാ വ്യതിയാനം: ചൂട് കൂടുന്ന ഗ്രഹം

കഴിഞ്ഞ നൂറ്റാണ്ടിൽ ഭൂമിയുടെ ശരാശരി താപനിലയിൽ സംഭവിച്ച വർദ്ധനവിനെയാണ് കാലാവസ്ഥാ വ്യതിയാനം എന്ന് വിളിക്കുന്നത്. ഈ വർദ്ധനവിന് പ്രധാന കാരണം മനുഷ്യൻ ഫോസിൽ ഇന്ധനങ്ങൾ കത്തിക്കുന്നതിലൂടെ അന്തരീക്ഷത്തിലേക്ക് പുറത്തുവിടുന്ന ഗ്രീൻഹൗസ് വാതകങ്ങളാണ്. കാർബൺ ഡൈ ഓക്സൈഡ്, മീഥേൻ, നൈട്രസ് ഓക്സൈഡ് തുടങ്ങിയ വാതകങ്ങൾ അന്തരീക്ഷത്തിലെ ചൂട്

പിടിച്ചുവെക്കുകയും ഭൂമിയുടെ താപനില ഉയരുന്നതിന് കാരണമാകുകയും ചെയ്യുന്നു.

കാലാവസ്ഥാ വ്യതിയാനത്തിന്റെ ഫലങ്ങൾ ഗ്ഭീരവും വ്യാപകവുമാണ്.

- കടലിന്റെ നിലവര ഉയരുന്നു: ധ്രുവപ്രദേശങ്ങളിലെ മഞ്ഞുരുകുന്നതും താപനില വർദ്ധിക്കുന്നതും കാരണം കടലിന്റെ നിലവര ഉയരുകയാണ്. ഇത് തീരദേശ മേഖലകളെ വെള്ളപ്പൊക്കം, മണ്ണൊലിപ്പ് തുടങ്ങിയ പ്രശ്ഗ്ങങ്ങളിലേക്ക് നയിക്കുന്നു.

- കാലാവസ്ഥാ പ്രതിഭാസങ്ങളുടെ തീവ്രത കൂടുന്നു: ചുഴലിക്കാറ്റുകൾ, വരൾച്ചകൾ, മിന്നൽ പിണർ, പ്രളയങ്ങൾ തുടങ്ങിയ കാലാവസ്ഥാ പ്രതിഭാസങ്ങൾ കൂടുതൽ തീവ്രതയോടെയും ആവൃത്തിയിലും സംഭവിക്കുന്നു.

- ജൈവവൈവിധ്യം നഷ്ടപ്പെടുന്നു: താപനില വർദ്ധിക്കുന്നതും കാലാവസ്ഥാ മാറ്റം സംഭവിക്കുന്നതും പല സസ്യജന്തുജാലങ്ങളുടെയും നിലനിൽപ്പിന് ഭീഷണിയാണ്.

വായു മലിനീകരണം: അശുദ്ധമായ ശ്വാസം

വായുവിൽ ദോഷകരമായ വസ്തുക്കളുടെ സാന്നിധ്യത്തെയാണ് വായു മലിനീകരണം എന്ന് വിളിക്കുന്നത്.

Chapter 3: Unveiling the Inner Solar System

- Exploring the atmospheres of Mercury, Venus, and Mars
- Similarities and differences with Earth's atmosphere
- The Venusian greenhouse effect and its runaway climate
- Mars' thin atmosphere and potential for past habitability

Chapter 3: Unveiling the Inner Solar System

അധ്യായം 3: ആന്തരിക സൗരയൂഥത്തിന്റെ രഹസ്യങ്ങൾ

ബുധൻ, ശുക്രൻ, ചൊവ്വ: വ്യത്യസ്ത ലോകങ്ങളുടെ അന്തരീക്ഷങ്ങൾ

ഭൂമിയുടെ അന്തരീക്ഷം നമ്മുടെ ജീവിതത്തിന് അത്യന്താപേക്ഷിതമാണെന്ന് നമുക്കെല്ലാം അറിയാം. പക്ഷേ, നമ്മുടെ സൗരയൂഥത്തിലെ മറ്റ് ഗ്രഹങ്ങളുടെ കാര്യമോ? അവയുടെ അന്തരീക്ഷങ്ങൾ ഭൂമിയുമായി എങ്ങനെ താരതമ്യപ്പെടുന്നു? ഈ ലേഖനത്തിൽ, ബുധൻ, ശുക്രൻ, ചൊവ്വ എന്നീ ഗ്രഹങ്ങളുടെ അന്തരീക്ഷങ്ങളെക്കുറിച്ച് ഒരു പര്യവേഷണം നടത്താം.

ബുധൻ: Almost Empty

- ഭൂമിയുടെ ഏറ്റവും അടുത്തുള്ള ഗ്രഹമാണ് ബുധൻ. എന്നാൽ ഭൂമിയുടെ സ്വഭാവസവിശേഷതകളിൽ നിന്ന് വളരെ വ്യത്യസ്തമാണ് ഇതിന്റെ അന്തരീക്ഷം. ഇതിനെ വാസ്തവത്തിൽ ഒരു അന്തരീക്ഷം എന്ന് പറയുകപോലും ബുദ്ധിമുട്ടാണ്.

- ബുധന് വളരെ നേർത്തതും അപൂർണ്ണവുമായ ഒരു എക്സോസ്ഫിയർ മാത്രമേയുള്ളൂ. എക്സോസ്ഫിയർ എന്നാൽ വാതക തന്മാത്രകൾ അപ്പോഴപ്പോൾ

രക്ഷപ്പെടുന്ന അതീവ നേർത്ത അന്തരീക്ഷ പാളിയാണ്.

സൗരകാന്തത്തിന്റെ ശക്തമായ വികിരണങ്ങൾ മിക്കവാറും എല്ലാ വാതകങ്ങളെയും ബഹിരാകാശത്തേക്ക് തള്ളിവിടുന്നതാണ് ഇതിന്റെ കാരണം.

ബുധന്റെ എക്സോസ്ഫിയറിൽ ഹൈഡ്രജൻ, ഹീലിയം, ഓക്സിജൻ, സോഡിയം, പൊട്ടാസ്യം തുടങ്ങിയ കുറച്ച് വാതകങ്ങൾ അടങ്ങിയിട്ടുണ്ട്.

ഈ നേർത്ത അന്തരീക്ഷം ഭൂമിയെപ്പോലെ ഒരു കാന്തികക്ഷേത്രം നൽകുന്നില്ല, അതിനാൽ സൗരകാന്തത്തിന്റെ വികിരണങ്ങളിൽ നിന്ന് സംരക്ഷണം നൽകുന്നില്ല. ഫലം? ബുധന്റെ ഉപരിതല താപനില പകൽ 430 ഡിഗ്രി സെൽഷ്യസ് വരെയും രാത്രി -173 ഡിഗ്രി സെൽഷ്യസ് വരെയും എത്തുന്നു.

ശുക്രൻ: A Hellish Greenhouse

ശുക്രനെ നമ്മുടെ സഹോദര ഗ്രഹമെന്ന് വിളിക്കാറുണ്ട്. എന്നാൽ ഭൂമിയുമായി വളരെ വ്യത്യസ്തമാണ് ഇതിന്റെ അന്തരീക്ഷം. ശുക്രന്റെ അന്തരീക്ഷം വളരെ കട്ടിയും ഇടതൂർന്നതുമാണ്, ഭൂമിയുടെ അന്തരീക്ഷത്തിന്റെ 90 മടങ്ങ് കട്ടിയാണ്.

പ്രധാനമായും കാർബൺ ഡൈ ഓക്സൈഡ് അടങ്ങിയിരിക്കുന്ന ഈ അന്തരീക്ഷം ഒരു

ശക്തമായ ഗ്രീൻഹൗസ് പ്രഭാവം സൃഷ്ടിക്കുന്നു. സൂര്യനിൽ നിന്നുള്ള ഊർജ്ജം കടത്തിവിടുകയും പക്ഷേ ഭൂമിയിൽ നിന്ന് പുറത്തേക്ക് പോകുന്ന ഇൻഫ്രാറെഡ് രശ്മികളെ തടയുകയും ചെയ്യുന്നു.

ഭൂമിയുടെ അന്തരീക്ഷവുമായുള്ള സാമ്യതകളും വ്യത്യാസങ്ങളും: ഒരു ഗ്രഹാന്തര യാത്ര

നമ്മൾ ശ്വസിക്കുന്ന വായു, നമ്മെ സൂര്യന്റെ ദോഷകരമായ കിരണങ്ങളിൽ നിന്ന് സംരക്ഷിക്കുന്ന കവചം, ഭൂമിയുടെ കാലാവസ്ഥയെ നിയന്ത്രിക്കുന്ന യന്ത്രം - ഭൂമിയുടെ അന്തരീക്ഷം നമ്മുടെ ഗ്രഹത്തിന്റെ ജീവനാഡിയാണ്. എന്നാൽ സൗരയൂഥത്തിന്റെ മറ്റ് ഗ്രഹങ്ങളുടെ കാര്യമോ? അവയുടെ അന്തരീക്ഷങ്ങൾ ഭൂമിയോട് എങ്ങനെ താരതമ്യപ്പെടുന്നു? സമാനതകളും വ്യത്യാസങ്ങളും എന്തൊക്കെയാണ്? ഈ ലേഖനത്തിൽ, സൗരയൂഥത്തിലെ മറ്റ് ഗ്രഹങ്ങളുടെ അന്തരീക്ഷങ്ങളെ ഭൂമിയുടെ അന്തരീക്ഷവുമായി താരതമ്യം ചെയ്ത് ഒരു ഗ്രഹാന്തര യാത്ര നടത്താം.

രണ്ട് വശങ്ങളുടെ നാണയം: സാമ്യതകൾ

മറ്റ് ഗ്രഹങ്ങളുടെ അന്തരീക്ഷങ്ങളിൽ ഭൂമിയുമായുള്ള ചില സവിശേഷതകൾ നമുക്ക് കാണാൻ കഴിയും.

- വാതക കൂട്ടുകൾ: ഭൂമിയുടെ അന്തരീക്ഷം പ്രധാനമായും നൈട്രജൻ (78%) ഓക്സിജൻ (21%) എന്നീ വാതകങ്ങളാണ് നിർമ്മിതമായിരിക്കുന്നത്. ശുക്രന്റെയും ചൊവ്വയുടെയും അന്തരീക്ഷത്തിലും നൈട്രജൻ

പ്രധാന ഘടകമാണ്. ശുക്രനിൽ 96% കാർബൺ ഡൈ ഓക്സൈഡ് ഉള്ളതും ചൊവ്വയിൽ നേർത്ത അളവിൽ ഓക്സിജൻ (0.6%) ഉള്ളതും ഒരു വ്യത്യാസമാണ്.

- സൗരോർജ്ജം പരിവർത്തനം: എല്ലാ ഗ്രഹങ്ങളുടെയും അന്തരീക്ഷങ്ങളും സൂര്യനിൽ നിന്നുള്ള ഊർജ്ജത്തെ ആഗിരണം ചെയ്യുകയും പ്രതിഫലിപ്പിക്കുകയും ചെയ്യുന്നു. ഭൂമിയിലെപ്പോലെ ചില വാതകങ്ങൾ ഗ്രീൻഹൗസ് പ്രഭാവം സൃഷ്ടിച്ച് താപനില നിലനിർത്താൻ സഹായിക്കുന്നു.

വ്യത്യസ്ത ലോകങ്ങൾ, വ്യത്യസ്ത അന്തരീക്ഷങ്ങൾ

സമാനതകൾ ഉണ്ടെങ്കിലും, ഭൂമിയുടെ അന്തരീക്ഷത്തെ മറ്റ് ഗ്രഹങ്ങളിൽ നിന്ന് വ്യത്യസ്തമാക്കുന്ന നിരവധി സവിശേഷതകളുണ്ട്.

- സാന്ദ്രത: ഭൂമിയുടെ അന്തരീക്ഷം വളരെ കട്ടിയാണ്, ഗ്രഹത്തിന്റെ ഉപരിതല മർദ്ദം ശരാശരി 1013 മില്ലിബാർ (mb). ബുധനും ചൊവ്വയും പോലുള്ള മറ്റ് ഗ്രഹങ്ങളുടെ അന്തരീക്ഷങ്ങൾ വളരെ നേർത്തതും വായുമർദ്ദം കുറഞ്ഞതുമാണ്. ശുക്രന്റെ അന്തരീക്ഷം മാത്രമാണ് ഭൂമിയേക്കാൾ കട്ടിയത്, 93 മടങ്ങ് കൂടുതൽ മർദ്ദമുണ്ട്.

ശുക്രന്റെ ഗ്രീൻഹൗസ് പ്രഭാവം: നിയന്ത്രണം വിട്ട ഊഷ്മാവ്

നമ്മുടെ സൗരയൂഥത്തിലെ ഒരു ആകർഷകവും എന്നാൽ ഭയാനകവുമായ ഗ്രഹമാണ് ശുക്രൻ. ഭൂമിയുടെ "സഹോദര ഗ്രഹം" എന്ന് വിളിക്കപ്പെടുന്ന ഇവിടം തീ പീ ഊർജ്ജം സ്വീകരിക്കുന്ന ഗ്രഹങ്ങളിൽ വെച്ച് ഏറ്റവും ചൂട് കൂടിയ സ്ഥലമാണ്. ഇതിന്റെ കാരണം എന്താണ്? ശുക്രന്റെ വിജയകരമായ ഗ്രീൻഹൗസ് പ്രഭാവമല്ലേ, പക്ഷേ അത് നിയന്ത്രണം വിട്ട് പോയിരിക്കുന്നു! ഈ ലേഖനത്തിൽ, ശുക്രന്റെ ഗ്രീൻഹൗസ് പ്രഭാവത്തിന്റെ രഹസ്യങ്ങളും അത് എങ്ങനെ ഒരു "മരുഭൂമിയിലെ നരക"മായി മാറിയെന്നും നമുക്ക് പരിശോധിക്കാം.

ആദ്യ ചുവടുകൾ: ഒരു സാധാരണ തുടക്കം

ഏകദേശം 4.6 ബില്യൺ വർഷങ്ങൾക്ക് മുമ്പ്, ഭൂമിയെ പോലെ തന്നെ ജലസമൃദ്ധമായ ഒരു ഗ്രഹമായിരുന്നു ശുക്രൻ. അതിന്റെ അന്തരീക്ഷത്തിൽ നൈട്രജൻ, കാർബൺ ഡൈ ഓക്സൈഡ്, ജല നീരാവി എന്നിവ അടങ്ങിയിരുന്നു. സമാനമായ വലിപ്പവും സൂര്യനിൽ നിന്നുള്ള ദൂരവും ഉണ്ടായിരുന്നതിനാൽ, ഭൂമിയെ പോലെ തന്നെ സുഖകരമായ താപനില ഉണ്ടായിരിക്കാനും സാധ്യതയുണ്ട്.

കഥ മാറുന്നു: ഗ്രീൻഹൗസ് പ്രഭാവം ശക്തി പ്രാപിക്കുന്നു

സമയം കടന്നുപോകുമ്പോൾ, ശുക്രന്റെ അന്തരീക്ഷത്തിലെ കാർബൺ ഡൈ ഓക്സൈഡ് അളവ് വർദ്ധിക്കാൻ തുടങ്ങി. അതിന്റെ ഉപരിതലത്തിലെ അഗ്നിപർവത പ്രവർത്തനങ്ങൾ, ഹരിതഗൃഹ വാതകങ്ങളുടെ പുറന്തള്ളലുകൾ എന്നിവ ഇതിന് കാരണമായി. സൂര്യനിൽ നിന്നുള്ള ഊർജ്ജം ഈ വാതകങ്ങൾ ആഗിരണം ചെയ്യുകയും, താപനില ഉയർത്തുകയും ചെയ്തു. ഇത് കൂടുതൽ കാർബൺ ഡൈ ഓക്സൈഡിന്റെ പുറന്തള്ളലിലേക്ക് നയിച്ചു, ഒരു ദുഷ്ടചക്രം സൃഷ്ടിച്ചു.

നിയന്ത്രണം വിട്ട ഓട്ടം: മരുഭൂമിയിലെ നരകം

ഭൂമിയിൽ, ജലചക്രം, സസ്യജാലങ്ങൾ എന്നിവ ഗ്രീൻഹൗസ് പ്രഭാവത്തെ നിയന്ത്രിക്കുന്നു. പക്ഷേ, ശുക്രനിൽ അത്തരം നിയന്ത്രണ സംവിധാനങ്ങൾ ഇല്ല. കൂടുതൽ ചൂടായതോടെ, സമുദ്രങ്ങൾ ബാഷ്പീകരിക്കപ്പെട്ടു, ജല നീരാവി അന്തരീക്ഷത്തിൽ നിന്ന് നഷ്ടപ്പെട്ടു. ഈ ജല നീരാവി ഗ്രീൻഹൗസ് പ്രഭാവം കുറയ്ക്കുന്നതിനോടൊപ്പം തന്നെ സൂര്യന്റെ അൾട്രാവയലറ്റ് രശ്മികളിൽ നിന്നും സംരക്ഷിക്കുകയും ചെയ്യുന്നു.

ചൊവ്വയുടെ നേർത്ത അന്തരീക്ഷവും ഭൂതകാല ജീവിതസാധ്യതയും

നമ്മുടെ സൗരയൂഥത്തിലെ ഒരു ആകർഷകവും രഹസ്യമയവുമായ ഗ്രഹമാണ് ചൊവ്വ. ഭൂമിയോട് ഏറ്റവും സാമ്യമുള്ള ഗ്രഹമെന്ന് വിശേഷിപ്പിക്കപ്പെടുന്ന ഇവിടുത്തെ ചുവപ്പ് നിറഞ്ഞ മണൽക്കാടുകൾ പകൽ വെളിച്ചത്തിൽ ദൃശ്യമാകുന്നു. പക്ഷേ, ഭൂമിയ്ക്ക് നേരെ വിപരീതമായി ചൊവ്വയുടെ അന്തരീക്ഷം അതിനേക്കാൾ 100 മടങ്ങ് നേർത്തവും, താപനില മരവിപ്പിക്കുന്ന -63°C മുതൽ 35°C വരെ വ്യത്യാസപ്പെടുന്നതുമാണ്. ഇത്ര നേർത്ത അന്തരീക്ഷത്തിൽ ഭൂതകാല ജീവിതസാധ്യതയുണ്ടായിരുന്നോ? ഈ ലേഖനത്തിൽ ചൊവ്വയുടെ അന്തരീക്ഷത്തിന്റെ രഹസ്യങ്ങളും ഇവിടെ ജീവിതം നിലനിന്നിരുന്നേക്കാമെന്നുള്ള സൂചനകളും പരിശോധിക്കാം.

നേർത്ത കഥ: ആധുനിക ചൊവ്വ

ഇന്ന് നമ്മൾ കാണുന്ന ചൊവ്വ ഒരു വരണ്ട മരുഭൂമിയാണ്. ഇവിടുത്തെ അന്തരീക്ഷം പ്രധാനമായും കാർബൺ ഡൈ ഓക്സൈഡ് (96%) നിർമ്മിതമാണ്. നൈട്രജൻ വളരെ കുറവാണ് (2.7%) ഓക്സിജന്റെ അംശം വളരെ നേർത്തതുമാണ് (0.6%). ഈ നേർത്ത അന്തരീക്ഷം ദ്രവരൂപ ജലത്തെ ഉപരിതലത്തിൽ നിലനിർത്താൻ പര്യാപ്തമല്ല. സൂര്യന്റെ

അൾട്രാവയലറ്റ് രശ്മികൾ അപകടകരമായ വിധം അവിടെ എത്തുന്നു.

ഭൂതകാല തടസ്ഥങ്ങൾ: ജലസമൃദ്ധമായ ചൊവ്വ

എന്നാൽ ഏകദേശം 3.8 ബില്യൺ വർഷങ്ങൾക്ക് മുമ്പ്, ചൊവ്വയുടെ ചിത്രം വളരെ വ്യത്യസ്തമായിരുന്നു. അക്കാലത്ത് ഇവിടെ വലിയ സമുദ്രങ്ങളും നദികളും ഉണ്ടായിരുന്നതായി തെളിവുകൾ സൂചിപ്പിക്കുന്നു. കട്ടിയും ഊഷ്മളവുമായ അന്തരീക്ഷം ഈ ജലത്തെ ദ്രവരൂപത്തിൽ നിലനിർത്താൻ സഹായിച്ചു. കാർബൺ ഡൈ ഓക്സൈഡ് കുറവും മീഥേൻ പോലുള്ള മറ്റ് വാതകങ്ങളുടെ സാന്നിധ്യവും ഉണ്ടായിരുന്നു.

ജീവിതസാധ്യതയുടെ സൂചനകൾ

ചൊവ്വയിലെ ഭൂതകാല ജീവിതസാധ്യതയെ സംബന്ധിച്ച് നിരവധി ആവേശകരമായ കണ്ടെത്തലുകൾ നടന്നിട്ടുണ്ട്.

- ജലാംശം: ചൊവ്വയുടെ ഉപരിതലത്തിലും ധ്രുവങ്ങളിലും മഞ്ഞുരൂപത്തിൽ വെള്ളം കണ്ടെത്തിയിട്ടുണ്ട്. മാത്രമല്ല, ഉപരിതലത്തിന് താഴെയും വലിയ അളവിൽ ജലസംഭരണികൾ ഉണ്ടാകാമെന്ന സൂചനകളുമുണ്ട്.

Chapter 4: Gas Giants of the Outer Solar System

- Jupiter, Saturn, Uranus, and Neptune: vast worlds with diverse atmospheres

- Hydrogen, helium, and methane: the dominant gases

- The Great Red Spot on Jupiter and other atmospheric storms

- Rings and moons: their influence on planetary atmospheres

Chapter 4: Gas Giants of the Outer Solar System

അധ്യായം 4: ബാഹ്യ സൗരയൂഥത്തിന്റെ വാതക ഭീമന്മാർ

വ്യത്യസ്ത അന്തരീക്ഷങ്ങളുടെ വലിയ ലോകങ്ങൾ: വ്യാഴം, ശനി, യുറാനസ്, നെപ്റ്റ്യൂൺ

നമ്മുടെ സൗരയൂഥത്തിന്റെ ആകാശത്ത്, ജ്വലിക്കുന്ന താരങ്ങളെ കൂടാതെ, അതിശയകരമായ വാതക ഭീമന്മാരും ഉണ്ട്. വ്യാഴം, ശനി, യുറാനസ്, നെപ്റ്റ്യൂൺ എന്നീ ഇതിഹാസ വലിയ ലോകങ്ങൾ വ്യത്യസ്ത അന്തരീക്ഷങ്ങളുടെ ഒരു കലവറയാണ്. ഓരോ ഗ്രഹത്തിന്റെയും അന്തരീക്ഷം അതിന്റേതായ സവിശേഷതകളും രഹസ്യങ്ങളും ഉൾക്കൊള്ളുന്നു. ഈ ലേഖനത്തിൽ, ഈ വാതക ഭീമന്മാരുടെ അന്തരീക്ഷങ്ങളുടെ ഒരു യാത്ര നടത്തി അവയുടെ വൈവിധ്യം പരിശോധിക്കാം.

വ്യാഴം: കൊടുങ്കാറ്റുകളുടെ രാജാവ്

സൗരയൂഥത്തിലെ ഏറ്റവും വലിയ ഗ്രഹമാണ് വ്യാഴം. ഇതിന്റെ അന്തരീക്ഷം പ്രധാനമായും ഹൈഡ്രജൻ (95%) ഹീലിയം (4%) എന്നിവ കൊണ്ടാണ് നിർമ്മിതമായിരിക്കുന്നത്. ഭൂമിയുടെ

അന്തരീക്ഷത്തെക്കാൾ 100 മടങ്ങ് കട്ടിയാണ് ഇത്. ഈ കട്ടിയ അന്തരീക്ഷം വ്യാഴത്തിന്റെ ഉപരിതലത്തിൽ അതിശക്തമായ കൊടുങ്കാറ്റുകൾ സൃഷ്ടിക്കുന്നു. ഗ്രേറ്റ് റെഡ് സ്പോട്ട് പോലുള്ള ചുഴലിക്കാറ്റുകൾ നൂറ്റാണ്ടുകളായി ഇവിടെ നിലനിൽക്കുന്നു. വ്യാഴത്തിന്റെ അന്തരീക്ഷത്തിൽ മീഥേൻ, അമോണിയ, ജല നീരാവി തുടങ്ങിയ മറ്റ് വാതകങ്ങളും കാണപ്പെടുന്നു.

ശനി: വലയങ്ങളുടെ മാജിക്

ശനിയുടെ വലയങ്ങൾ അതിനെ ഏറ്റവും വ്യത്യസ്തമാക്കുന്ന സവിശേഷതയാണ്. ഈ വലയങ്ങൾ ഹിമത്തിന്റെയും പാറയുടെയും ചെറിയ കണങ്ങളാണ് നിർമ്മിതമായിരിക്കുന്നത്. ശനിയുടെ അന്തരീക്ഷം പ്രധാനമായും ഹൈഡ്രജൻ (96%) ഹീലിയം (3%) എന്നിവ കൊണ്ടാണ് നിർമ്മിതമായിരിക്കുന്നത്. വ്യാഴത്തെ പോലെ, ശനിയുടെ അന്തരീക്ഷവും കൊടുങ്കാറ്റുകൾക്ക് പേരുകേട്ടതാണ്. ഹെക്സഗോണൽ മേഘങ്ങൾ പോലുള്ള രൂപങ്ങളും ഇവിടെ കാണപ്പെടുന്നു.

യുറാനസ്: നീലക്കകുടയുടെ രഹസ്യങ്ങൾ

യുറാനസ് നമ്മുടെ സൗരയൂഥത്തിലെ ഏറ്റവും തണുപ്പുള്ള ഗ്രഹമാണ്. ഇതിന്റെ അന്തരീക്ഷം പ്രധാനമായും ഹൈഡ്രജൻ (85%) ഹീലിയം (13%) മീഥേൻ (2%) എന്നിവ കൊണ്ടാണ്

നിർമ്മിതമായിരിക്കുന്നത്. മീഥേൻ ആണ് യുറാനസിന്റെ നീല നിറത്തിന് കാരണം. യുറാനസിന്റെ അന്തരീക്ഷത്തിൽ ഉയർന്ന മർദ്ദത്തിലും താപനിലയിലും വജ്രങ്ങൾ രൂപപ്പെടാൻ സാധ്യതയുണ്ടെന്ന് ശാസ്ത്രജ്ഞർ കരുതുന്നു.

ഹൈഡ്രജൻ, ഹീലിയം, മീഥേൻ: പ്രപഞ്ചത്തിന്റെ ഇന്ധനക്കുമണ്ണ

നമ്മൾ ശ്വസിക്കുന്ന വായുവിൽ ഓക്സിജനും നൈട്രജനും പ്രധാന പങ്ക് വഹിക്കുന്നു എന്നത് നമുക്കെല്ലാം അറിയാം. എന്നാൽ പ്രപഞ്ചത്തിന്റെ മഹാസമുദ്രത്തിൽ നോക്കിയാൽ ഈ വാതകങ്ങൾ താരതമ്യേന നിസ്സാരമാണ്. വാസ്തവത്തിൽ, പ്രപഞ്ചത്തിന്റെ 75% ഹൈഡ്രജനും 25% ഹീലിയവും കൊണ്ടാണ് നിർമ്മിതമായിരിക്കുന്നത്. ഈ ലേഖനത്തിൽ, പ്രപഞ്ചത്തിന്റെ ഘടനയിലെ മുഖ്യ കളിക്കാരായ ഹൈഡ്രജൻ, ഹീലിയം, മീഥേൻ എന്നീ വാതകങ്ങളെ പരിശോധിക്കാം.

ഹൈഡ്രജൻ: നിർമ്മാണത്തിന്റെ മൂലകം

- പ്രപഞ്ചത്തിന്റെ ഏറ്റവും ലളിതവും ഭാരം കുറഞ്ഞതുമായ മൂലകമാണ് ഹൈഡ്രജൻ. ഒരു പ്രോട്ടോൺ ഒരു ഇലക്ട്രോണും ചേർന്നാണ് ഇത് നിർമ്മിക്കപ്പെടുന്നത്.

- വലിയ സ്ഫോടനത്തിന് ശേഷം പ്രപഞ്ചത്തിന്റെ ആദ്യകാലങ്ങളിൽ രൂപപ്പെട്ട ആദ്യ മൂലകങ്ങളിൽ ഒന്നാണ് ഇത്.

- നക്ഷത്രങ്ങളുടെ കാതലിൽ ഹൈഡ്രജൻ ആണവ സംലയനത്തിലൂടെ ഹീലിയമായി മാറുകയും, നക്ഷത്രങ്ങൾക്ക് ഊർജ്ജം നൽകുകയും ചെയ്യുന്നു.

- ഗ്രഹശൂന്യ മേഖലകളിലും നക്ഷത്രങ്ങൾക്കിടയിലെ മാധ്യമത്തിലും വലിയ അളവിൽ ഹൈഡ്രജൻ കാണപ്പെടുന്നു.

ഹീലിയം: നിഗൂഢ ശാന്തത

- പ്രപഞ്ചത്തിലെ രണ്ടാമത്തെ ഏറ്റവും കൂടുതലുള്ള മൂലകമാണ് ഹീലിയം. രണ്ട് പ്രോട്ടോണുകളും രണ്ട് ന്യൂട്രോണുകളും ചേർന്നാണ് ഇത് നിർമ്മിക്കപ്പെടുന്നത്.

- നക്ഷത്രങ്ങളുടെ കാതലിൽ നടക്കുന്ന ആണവ സംലയനത്തിന്റെ ഒരു ഉപോത്പന്നമാണ് ഹീലിയം.

- ഭൂമിയുടെ അന്തരീക്ഷത്തിൽ താരതമ്യേന കുറവാണെങ്കിലും, ചില ഗ്രഹങ്ങളുടെ അന്തരീക്ഷത്തിൽ (വ്യാഴം, ശനി) പ്രധാന പങ്ക് വഹിക്കുന്നു.

- സൂപ്പർഫ്ളൂയിഡുകൾ എന്ന പ്രത്യേക അവസ്ഥയിൽ കുറഞ്ഞ താപനിലയിൽ ഹീലിയം ഒഴുകുന്ന ഒഴുക്കാനുള്ള സ്വഭാവം നഷ്ടപ്പെടുന്നു. ഇത് ശാസ്ത്ര ഗവേഷണത്തിൽ വലിയ പ്രാധാന്യം നൽകുന്നു.

മീഥേൻ: ജീവിതത്തിന്റെ സൂചകം

- കാർബൺ ആറ്റവും നാല് ഹൈഡ്രജൻ ആറ്റങ്ങളും ചേർന്നാണ് മീഥേൻ രൂപപ്പെടുന്നത്.

ഗ്രഹങ്ങളുടെയും ചന്ദ്രമാരുടെയും അന്തരീക്ഷത്തിൽ (ഭൂമി, ചൊവ്വ, ടൈറ്റാൻ) കാണപ്പെടുന്നു.

ഭൂമിയിലെ ജീവജാലങ്ങളുടെ പ്രവർത്തനങ്ങളുടെ ഫലമായി അന്തരീക്ഷത്തിൽ കുറഞ്ഞ അളവിൽ മീഥേൻ ഉണ്ട്.

വ്യാഴത്തിലെ മഹാ ചുവന്ന കുത്ത്: സൗരയൂഥത്തിലെ ഏറ്റവും വലിയ കൊടുങ്കാറ്റ്, മറ്റ് അന്തരീക്ഷ കൊടുങ്കാറ്റുകൾ

ആമേയ്യാ, വ്യാഴത്തിന്റെ അതിശയകരമായ വായുമണ്ഡലത്തെ കുറിച്ചും അതിലെ കൊടുങ്കാറ്റുകളെ കുറിച്ചും കേൾക്കാൻ നിങ്ങൾ തയ്യാറാണോ?

സൗരയൂഥത്തിലെ ഏറ്റവും വലിയ ഗ്രഹമായ വ്യാഴത്തിന്റെ ഉപരിതലത്തില് നമുക്ക് കാണാൻ കഴിയുന്ന ഏറ്റവും ശ്രദ്ധേയമായ കാഴ്ചകളിലൊന്നാണ് മഹാ ചുവന്ന കുത്ത്. ഭൂമിയുടെ ഇരട്ടിയിലധികം വ്യാസമുള്ള ഈ കൊടുങ്കാറ്റ്, നൂറ്റാണ്ടുകളായി ശാസ്ത്രജ്ഞരെയും ജ്യോതിശാസ്ത്രജ്ഞരെയും ആശ്ചര്യപ്പെടുത്തിക്കൊണ്ടിരിക്കുന്നു. ഈ ലേഖനത്തില്, മഹാ ചുവന്ന കുത്തിന്റെ രഹസ്യങ്ങളും വ്യാഴത്തിന്റെ മറ്റ് അന്തരീക്ഷ കൊടുങ്കാറ്റുകളുടെ പ്രത്യേകതകളും നമുക്ക് പര്യവേക്ഷണം ചെയ്യാം.

മഹാ ചുവന്ന കുത്ത്: ഒരു ഭീമാകാരന് കൊടുങ്കാറ്റ്

മഹാ ചുവന്ന കുത്ത് യഥാർത്ഥത്തില് ഒരു ഉയർന്ന മർദ്ദമേഖലയാണ്, അത് വ്യാഴത്തിന്റെ അന്തരീക്ഷത്തില് ഒരു കൊടുങ്കാറ്റിന് കാരണമാകുന്നു. ഈ കൊടുങ്കാറ്റ് വലുപ്പത്തില് അതിശയകരമാണ് - ഭൂമിയുടെ ഇരട്ടിയിലധികം വ്യാസമുണ്ട്! വ്യാഴത്തിന്റെ

ചുറ്റളവിന്റെ ഏകദേശം 16% വരും ഇത്. കൊടുങ്കാറ്റിന്റെ കേന്ദ്രത്തില് നിന്ന് പുറത്തേക്ക് ഭ്രമണചക്രം പോലെ പരന്നുകിടക്കുന്ന മേഘപടലങ്ങള് ഇതിനെ ചുറ്റിവരിയുന്നു. ഈ മേഘപടലങ്ങള് വൃത്യസ്ത നിറങ്ങളില് കാണപ്പെടുന്നു, പക്ഷേ കേന്ദ്രം സവിശേഷമായ ചുവന്ന നിറമാണ് കാണിക്കുന്നത്.

മഹാ ചുവന്ന കുത്തിന്റെ ഉത്ഭവം ഇപ്പോഴും ഒരു രഹസ്യമാണ്. ചില ശാസ്ത്രജ്ഞര് വിശ്വസിക്കുന്നത് ഇത് വളരെക്കാലമായി നിലനില്ക്കുന്ന ഒരു ഉയര്ന്ന മര്ദ്ദമേഖലയാണ്, അത് വ്യാഴത്തിന്റെ ഭ്രമണത്തിന്റെ വേഗത വ്യത്യാസങ്ങളാല് പ്രചോദിപ്പിക്കപ്പെട്ടിരിക്കുന്നു. മറ്റുള്ളവര് ഇത് ഒരു അഗ്നിപര്വത സ്ഫുടനത്തിന്റെ ഫലമായി ഉണ്ടായതാണെന്ന് അഭിപ്രായപ്പെടുന്നു.

മഹാ ചുവന്ന കുത്തിന്റെ ഏറ്റവും ശ്രദ്ധേയമായ സവിശേഷതകളിലൊന്ന് അതിന്റെ ദൈര്ഘ്യമാണ്. ചില നിരീക്ഷണങ്ങള് സൂചിപ്പിക്കുന്നത് 350 വര്ഷത്തിലധികം കാലമായി ഇത് നിലനില്ക്കുന്നു എന്നാണ്!

വളയങ്ങൾക്കും ഉപഗ്രഹങ്ങൾക്കും ഗ്രഹങ്ങളുടെ അന്തരീക്ഷത്തെ രൂപപ്പെടുത്തുന്ന കഥ!

നമ്മുടെ വിസ്മയകരമായ സൗരയൂഥത്തിൽ, ഗ്രഹങ്ങൾ വെറും പാറക്കല്ലുകൾ മാത്രമല്ല. അവ ഓരോന്നും അതുല്യമായ അന്തരീക്ഷങ്ങൾ കൊണ്ട് ചുറ്റപ്പൊതിഞ്ഞിരിക്കുന്നു, ഈ അന്തരീക്ഷങ്ങൾ അവിടെയുള്ള കാലാവസ്ഥയെയും, ജീവിതത്തിന്റെ സാധ്യതയെയും നിർണ്ണയിക്കുന്നു. എന്നാൽ, ഈ അന്തരീക്ഷങ്ങളെ രൂപപ്പെടുത്തുന്നതിൽ ഗ്രഹങ്ങൾ മാത്രമല്ല പങ്കുവഹിക്കുന്നത്. അവയുടെ വളയങ്ങൾക്കും ഉപഗ്രഹങ്ങൾക്കും ഗ്രഹങ്ങളുടെ അന്തരീക്ഷത്തെ സ്വാധീനിക്കുന്നതിൽ നിർണായകമായ പങ്കുണ്ട്.

വളയങ്ങളുടെ മന്ത്രവാദം:

ചില ഗ്രഹങ്ങൾ, പ്രത്യേകിച്ച് വ്യാഴവും ശനിയും, മനോഹരമായ വളയങ്ങളാൽ ചുറ്റപ്പെട്ടിരിക്കുന്നു. ഈ വളയങ്ങൾ പ്രധാനമായും ഐസ്, പൊടിപാറകൾ എന്നിവ കൊണ്ട് നിർമ്മിതമാണ്, അവ ഗ്രഹത്തിന്റെ ഗുരുത്വാകർഷണത്താൽ സ്ഥാനത്ത് നിലനിർത്തുന്നു. എന്നാൽ, വളയങ്ങൾ കാഴ്ചയ്ക്ക് മാത്രമല്ല പ്രധാനപ്പെട്ടത്. അവ ഗ്രഹത്തിന്റെ അന്തരീക്ഷത്തെ സ്വാധീനിക്കുന്നതിൽ നിരവധി വഴികളുണ്ട്.

മറഞ്ഞിരിക്കുന്ന കാറ്റ്: വളയങ്ങളിലെ ചെറിയ കണികകൾ ഗ്രഹത്തിന്റെ ഭ്രമണത്തിനൊപ്പം ചലിക്കുന്നില്ല. പകരം, അവ അവരുടേതായ വേഗതയിൽ ഭ്രമണം ചെയ്യുന്നു. ഈ വേഗത വ്യത്യാസം ഗ്രഹത്തിന്റെ അന്തരീക്ഷത്തിലെ കാറ്റിന് കാരണമാകുന്നു. ഉദാഹരണത്തിന്, ശനിയുടെ വളയങ്ങൾ ഗ്രഹത്തിന്റെ മധ്യഭാഗത്തേക്കാൾ വേഗത്തിൽ ഭ്രമണം ചെയ്യുന്നു, ഇത് അന്തരീക്ഷത്തിൽ ശക്തമായ കിഴക്കുനിന്നുള്ള കാറ്റിന് കാരണമാകുന്നു.

അണുക്കളുടെ കളി: വളയങ്ങളിലെ ചെറിയ കണികകൾ ഗ്രഹത്തിന്റെ അന്തരീക്ഷത്തിലേക്ക് ചെറിയ അണുക്കളെ സ്ഥിരമായി വിതരണം ചെയ്യുന്നു. ഈ അണുക്കൾ ഗ്രഹത്തിന്റെ അയണോസ്ഫിയറിനെ ബാധിക്കുകയും വികിരണത്തെ തടയുകയും ചെയ്യും. ഉദാഹരണത്തിന്, എൻസെലാഡസ് എന്ന ശനിയുടെ ഉപഗ്രഹത്തിന്റെ ഐസ് ജെറ്റുകളിൽ നിന്നുള്ള അണുക്കൾ ശനിയുടെ അയണോസ്ഫിയറിനെ ശക്തിപ്പെടുത്തുന്നു.

മഴയുടെ നൃത്തം: ചില വളയങ്ങളിലെ കണികകൾ ഗ്രഹത്തിന്റെ ഗുരുത്വാകർഷണവുമായി ഇടപഴയുകയും ഗ്രഹത്തിന്റെ അന്തരീക്ഷത്തിലേക്ക് വീഴുകയും ചെയ്യും. ഉദാഹരണത്തിന്, യുറാനസിന്റെ വളയങ്ങളിൽ നിന്നുള്ള മഴ ഗ്രഹത്തിന്റെ ധ്രുവങ്ങളിൽ മീഥേൻ മഴയായി വീഴുന്നു.

Chapter 5: Beyond Our Solar System: Exoplanet Atmospheres

- The hunt for exoplanets and their atmospheres
- Different types of exoplanets and their atmospheric possibilities
- Challenges and methods of studying exoplanet atmospheres
- The potential for finding life on planets with Earth-like atmospheres

Chapter 5: Beyond Our Solar System: Exoplanet Atmospheres

അധ്യായം 5: നമ്മുടെ സൗരയൂഥത്തിനപ്പുറം: എക്സോഗ്രഹ അന്തരീക്ഷങ്ങൾ

എക്സോപ്ലാനറ്റുകളുടെ കഥ: അകലെയുള്ള ലോകങ്ങളുടെ തിരച്ചിലും അവയുടെ അന്തരീക്ഷങ്ങളുടെ രഹസ്യങ്ങളും

നമ്മുടെ സൗരയൂഥത്തിനപ്പുറത്ത്, വിദൂരതയിലെ നക്ഷത്രങ്ങളുടെ ചുറ്റപാടും, നമ്മുടെ സ്വന്തം ഭൂമിയുമായി സാമ്യമുള്ള ലോകങ്ങളുടെ നിലനില്പ്പ് സംബന്ധിച്ച ചോദ്യം നൂറ്റാണ്ടുകളായി ശാസ്ത്രജ്ഞരെ ആകർഷിച്ചിട്ടുണ്ട്. ഈ അദൃശ്യ ലോകങ്ങളെ നമ്മൾ എക്സോപ്ലാനറ്റുകൾ എന്നു വിളിക്കുന്നു, അവയുടെ കണ്ടെത്തലും പഠനവും ആധുനിക ജ്യോതിശാസ്ത്രത്തിലെ ഏറ്റവും ആവേശകരമായ മേഖലകളിലൊന്നാണ്.

എക്സോപ്ലാനറ്റുകളെ കണ്ടെത്താനുള്ള വഴികൾ:

നേരിട്ട് കാണാൻ വളരെ ദൂരെയുള്ളതിനാൽ, എക്സോപ്ലാനറ്റുകളുടെ നിലനില്പ്പ് സ്ഥിരീകരിക്കുന്നതിന് ശാസ്ത്രജ്ഞർ വിവിധ പരോക്ഷ നിരീക്ഷണ രീതികളെ

ആശ്രയിക്കുന്നു. ഏറ്റവും സാധാരണമായ രീതികളിൽ ഇവ ഉൾപ്പെടുന്നു:

- ട്രാൻസിറ്റ് രീതി: എക്സോപ്ലാനറ്റ് തന്റെ നക്ഷത്രത്തിന് മുന്നിലൂടെ കടന്നുപോകുമ്പോൾ, നക്ഷത്രത്തിന്റെ പ്രകാശത്തിന്റെ ഒരു ചെറിയ ഭാഗം തടയപ്പെടുന്നു. ഈ പ്രകാശ ഇടിവിനെ കണ്ടെത്തുന്നതിലൂടെ, എക്സോപ്ലാനറ്റിന്റെ നിലനിൽപ്പ് സ്ഥിരീകരിക്കാനാകും.

- റേഡിയൽ വേഗത രീതി: എക്സോപ്ലാനറ്റ് തന്റെ ഗുരുത്വാകർഷണത്താൽ തന്റെ നക്ഷത്രത്തെ ചെറുതായി ചലിപ്പിക്കുന്നു. ഈ ചലനം നക്ഷത്രത്തിന്റെ സ്പെക്ട്രത്തിലെ ഡോപ്ലർ പ്രഭാവത്തിലൂടെ കണ്ടെത്താനാകും.

- ഗ്രാവിറ്റേഷണൽ മൈക്രോലെൻസിങ്: ഒരു എക്സോപ്ലാനറ്റ് ഒരു നക്ഷത്രത്തിന് മുന്നിലൂടെ കടന്നുപോകുമ്പോൾ, അതിന്റെ ഗുരുത്വാകർഷണം നക്ഷത്രത്തിന്റെ പ്രകാശത്തെ വളച്ചൊടിക്കുന്നു. ഈ വളച്ചൊടിക്കലിനെ നിരീക്ഷിക്കുന്നതിലൂടെ, എക്സോപ്ലാനറ്റിന്റെ നിലനിൽപ്പ് സ്ഥിരീകരിക്കാനാകും.

ഇത്തരത്തിലുള്ള നിരീക്ഷണങ്ങളിലൂടെ, ശാസ്ത്രജ്ഞർ ഇതുവരെ ആയിരക്കണക്കിന് എക്സോപ്ലാനറ്റുകളെ കണ്ടെത്തിയിട്ടുണ്ട്. ഈ ലോകങ്ങൾ വ്യത്യസ്ത വലിപ്പത്തിലും ഭാരത്തിലും കാണപ്പെടുന്നു, ചിലത് ഭൂമിയേക്കാൾ ചെറുതും ചിലത് വ്യാഴത്തേക്കാൾ വലുതുമാണ്.

എക്സോപ്ലാനറ്റുകളുടെ അന്തരീക്ഷങ്ങളുടെ രഹസ്യങ്ങൾ:

എക്സോപ്ലാനറ്റുകളുടെ നിലനില്പ്പ് സ്ഥിരീകരിക്കുന്നത് ആദ്യപടിയാണ്. അടുത്ത ഘട്ടം അവയുടെ അന്തരീക്ഷങ്ങളെക്കുറിച്ച് കൂടുതൽ മനസ്സിലാക്കുക എന്നതാണ്.

വ്യത്യസ്ത എക്സോപ്ലാനറ്റുകൾ: ദൂരെയുള്ള ലോകങ്ങളുടെ വൈവിധ്യവും അവയുടെ അന്തരീക്ഷ രഹസ്യങ്ങളും

നമ്മുടെ സൗരയൂഥത്തിനപ്പുറത്ത്, വിദൂര നക്ഷത്രങ്ങളുടെ ചുറ്റുപാടും, അനേകം അപരിചിത ലോകങ്ങൾ ഒളിഞ്ഞിരിക്കുന്നു. ഈ "എക്സോപ്ലാനറ്റുകൾ" നമ്മുടെ ഭൂമിയെപ്പോലെയുള്ള പാറക്കെട്ടുകളാണോ, വ്യാഴത്തെപ്പോലെ വലിയ ഗ്യാസ് ഭീമന്മാരാണോ അതോ അതിനും അപ്പുറത്തുള്ള എന്തെങ്കിലുമാണോ എന്ന ചോദ്യം ശാസ്ത്രജ്ഞരെ നൂറ്റാണ്ടുകളായി ആകർഷിച്ചിട്ടുണ്ട്. ഏറ്റവും പുതിയ കണ്ടെത്തലുകൾ വഴി, ഈ ദൂരെയുള്ള ലോകങ്ങളുടെ വൈവിധ്യവും അവയുടെ അന്തരീക്ഷങ്ങളുടെ സാധ്യതകളും നമ്മൾ കൂടുതൽ മനസ്സിലാക്കുകയാണ്.

എക്സോപ്ലാനറ്റുകളുടെ വൈവിധ്യം:

എക്സോപ്ലാനറ്റുകൾ വലിപ്പത്തിലും ഘടനയിലും അവിശ്വസനീയമായ വൈവിധ്യം പ്രദർശിപ്പിക്കുന്നു. ഇവയെ പ്രധാനമായും നാല് പ്രധാന ഗണങ്ങളായി തരംതിരിക്കാം:

- ടെറസ്ട്രിയൽ എക്സോപ്ലാനറ്റുകൾ: ഭൂമിയുടെ വലിപ്പത്തിലും പാറക്കെട്ടുകളാലും നിർമ്മിതമായ ലോകങ്ങളാണ് ഇവ. ചില ടെറസ്ട്രിയൽ എക്സോപ്ലാനറ്റുകൾ

ജലസംഭരണമുള്ളതായിരിക്കാം, ഇത് ജീവിതത്തിന് സാധ്യത തുറക്കുന്നു.

- സൂപ്പർ-ഏർത്തകൾ: ഭൂമിയേക്കാൾ വലുതും പക്ഷേ നെപ്റ്റ്യൂൺ പോലുള്ള ഗ്യാസ് ഭീമന്മാരേക്കാൾ ചെറുതുമായ ഈ എക്സോപ്ലാനറ്റുകൾ കൂടുതലും പാറക്കല്ലുകളും ഐസും കൊണ്ട് നിർമ്മിതമാണ്. അവയുടെ അന്തരീക്ഷങ്ങൾ ഭൂമിയുടെ അന്തരീക്ഷത്തേക്കാൾ കട്ടിയുള്ളതായിരിക്കാം, വ്യത്യസ്തമായ കാലാവസ്ഥാ പാറ്റേണുകൾ ഉണ്ടാക്കുന്നു.

- നെപ്റ്റ്യൂണിയൻ എക്സോപ്ലാനറ്റുകൾ: നമ്മുടെ സൗരയൂഥത്തിലെ നെപ്റ്റ്യൂൺ, യുറാനസ് പോലുള്ള ഐസ് ഭീമന്മാരോട് സാമ്യമുള്ള വലിയ ഗ്യാസ് ഭീമന്മാരാണ് ഇവ. ഹൈഡ്രജൻ, ഹീലിയം എന്നീ ഭാരം കുറഞ്ഞ വാതകങ്ങളാണ് അവയുടെ അന്തരീക്ഷത്തിന്റെ പ്രധാന ഘടകങ്ങൾ.

- ഗ്യാസ് ഭീമന്മാർ: വ്യാഴം, ശനി പോലുള്ള നമ്മുടെ സൗരയൂഥത്തിലെ ഗ്യാസ് ഭീമന്മാരുമായി സാമ്യമുള്ള ഏറ്റവും വലിയ എക്സോപ്ലാനറ്റുകളാണ് ഇവ. ഹൈഡ്രജൻ, ഹീലിയം എന്നിവ കൊണ്ട് പ്രധാനമായും നിർമ്മിതമായിരിക്കുന്ന ഇവയുടെ അന്തരീക്ഷങ്ങൾ കഠിനമായ കാലാവസ്ഥയ്ക്ക് കാരണമാകുന്നു.

ദൂരെയുള്ള ലോകങ്ങളുടെ ശ്വാസം: എക്സോപ്ലാനറ്റ് അന്തരീക്ഷങ്ങളെ പഠിക്കുന്നതിന്റെ വെല്ലുവിളികളും രീതികളും

നക്ഷത്രങ്ങളുടെ മങ്ങലിലൂടെ ഒളിഞ്ഞിരിക്കുന്ന ദൂരെയുള്ള ലോകങ്ങൾ - എക്സോപ്ലാനറ്റുകൾ - നമ്മുടെ പ്രപഞ്ചത്തിലെ ഏറ്റവും ആവേശകരമായ കണ്ടെത്തലുകളിലൊന്നാണ്. എന്നിരുന്നാലും, ഈ ലോകങ്ങളെക്കുറിച്ച് കൂടുതൽ മനസ്സിലാക്കുക എന്നത് വെല്ലുവിളികൾ നിറഞ്ഞതാണ്. പ്രത്യേകിച്ച്, അവയുടെ അന്തരീക്ഷങ്ങളെ പഠിക്കുന്നത് അതികഠിനമായ ഒരു ദൗത്യമാണ്.

വെല്ലുവിളികളുടെ ഒരു കടൽ:

എക്സോപ്ലാനറ്റ് അന്തരീക്ഷങ്ങളെ പഠിക്കുന്നതിനെ നിരവധി ഘടകങ്ങൾ തടസ്സപ്പെടുത്തുന്നു:

- ദൂരം: ഏറ്റവും അടുത്ത എക്സോപ്ലാനറ്റ് പോലും ഭൂമിയിൽ നിന്ന് ലൈറ്റ്-വർഷങ്ങളുടെ അകലെയാണ്. ഈ അതിഭീകരമായ ദൂരം നേരിട്ടുള്ള നിരീക്ഷണങ്ങളെ അസാധ്യമാക്കുന്നു.

- മങ്ങലും ശബ്ദവും: എക്സോപ്ലാനറ്റുകൾ നേരിട്ട് പ്രകാശം പുറപ്പെടുവിക്കുന്നില്ല, അതിനാൽ അവയുടെ നക്ഷത്രങ്ങളുടെ മങ്ങലിൽ നിന്ന് അവയുടെ സിഗ്നലുകൾ

വേർതിരിച്ചെടുക്കേണ്ടത് വളരെ ബുദ്ധിമുട്ടാണ്. അന്തരീക്ഷ ഘടനയെക്കുറിച്ചുള്ള വിവരങ്ങൾ നമുക്ക് നൽകുന്ന അവയുടെ സിഗ്നലുകൾ വളരെ ദുർബലവും പലപ്പോഴും പുറത്തെ ശബ്ദങ്ങളിൽ നിന്ന് വേർതിരിച്ചെടുക്കാൻ പ്രയാസവുമാണ്.

അപരിചിത അന്തരീക്ഷങ്ങൾ: നമ്മുടെ സൗരയൂഥത്തിലെ ഗ്രഹങ്ങളിൽ നിന്ന് വളരെ വ്യത്യസ്തമായി ഘടനയുള്ള അന്തരീക്ഷങ്ങൾ എക്സോപ്ലാനറ്റുകൾക്ക് ഉണ്ടായിരിക്കാം. ഈ അപരിചിത ഘടനകൾ പുതിയ നിരീക്ഷണ രീതികളുടെ വികസനം ആവശ്യമാക്കുന്നു.

പഠനത്തിനുള്ള പാതകൾ:

എങ്കിലും, ഈ വെല്ലുവിളികൾ മറികടക്കാൻ ശാസ്ത്രജ്ഞർ വിവിധ രീതികൾ വികസിപ്പിച്ചെടുത്തിട്ടുണ്ട്. ഈ രീതികളിൽ ഇവ ഉൾപ്പെടുന്നു:

ട്രാൻസിറ്റ് സ്പെക്ട്രോസ്കോപ്പി: എക് സോപ്ലാനറ്റ് തന്റെ നക്ഷത്രത്തിന് മുന്നിലൂടെ കടന്നുപോകുമ്പോൾ, നക്ഷത്രത്തിന്റെ പ്രകാശം അതിന്റെ അന്തരീക്ഷത്തിലൂടെ കടന്നുപോകുന്നു. ഈ പ്രകാശത്തിന്റെ വിശകലനം അന്തരീക്ഷത്തിലെ വ്യത്യസ്ത വാതകങ്ങളുടെ സാന്നിധ്യം വെളിപ്പെടുത്തുന്നു.

ഭൂമി പോലെയുള്ള അന്തരീക്ഷമുള്ള ഗ്രഹങ്ങളിൽ ജീവിതം കണ്ടെത്താനുള്ള സാധ്യത: നമ്മുടെ പ്രപഞ്ചത്തിലെ ഏറ്റവും വലിയ തിരച്ചിൽ

നക്ഷത്രങ്ങളുടെ തിളയ്ക്കുന്ന കടയിലൂടെ ഒളിഞ്ഞിരിക്കുന്ന അനേകം ലോകങ്ങൾ നമ്മുടെ പ്രപഞ്ചത്തെ നിറയ്ക്കുന്നു. ഈ വിദൂര ഗ്രഹങ്ങളിൽ ചിലത് ഭൂമിയോട് സാമ്യമുള്ളതായിരിക്കാം, സമാനമായ വലിപ്പവും കൂടാതെ ഹരിതഗൃഹ വാതകങ്ങളാൽ നിർമ്മിത അന്തരീക്ഷങ്ങളും ഉണ്ടായിരിക്കാം. ഈ "ഭൂമി പോലെയുള്ള" ഗ്രഹങ്ങളിൽ ജീവിതം നിലനിൽക്കാനുള്ള സാധ്യത ആണ് ഇന്നത്തെ ശാസ്ത്രത്തിലെ ഏറ്റവും ആവേശകരമായ ചോദ്യങ്ങളിലൊന്ന്.

ജീവനുതകുന്ന അന്തരീക്ഷങ്ങൾ:

ജീവിതം നിലനിൽക്കാൻ ഹരിതഗൃഹ വാതകങ്ങളുടെ ശരിയായ മിശ്രിതം ആവശ്യമാണ്. ഈ വാതകങ്ങൾ, പ്രധാനമായും കാർബൺ ഡൈഓക്സൈഡ്, മീഥേൻ, നീരാവി എന്നിവ, സൂര്യനിൽ നിന്നുള്ള താപത്തെ കെട്ടിയിട്ട് ഗ്രഹത്തെ ചൂടാക്കുന്നു. ഭൂമിയിൽ, ഈ സന്തുലനം നമ്മുടെ ഗ്രഹത്തെ തണുപ്പുള്ളതും വരണ്ടതും ആകുന്നതിൽ നിന്ന് തടയുകയും ജീവജാലങ്ങൾക്ക് അനുയോജ്യമായ ഒരു പരിതസ്ഥിതി സൃഷ്ടിക്കുകയും ചെയ്യുന്നു.

എന്നാൽ, എല്ലാ ഹരിതഗൃഹ വാതകങ്ങളും ജീവിതത്തിന് നല്ലതല്ല. വളരെയധികം കാർബൺ ഡൈഓക്സൈഡ് ഗ്രഹത്തെ വളരെ ചൂടാക്കും, ശുക്രന്റെ കടുത്ത ഗ്രീൻഹൗസ് പ്രഭാവം പോലെ. മറുവശത്ത്, വളരെ കുറച്ച് ഹരിതഗൃഹ വാതകങ്ങൾ ഗ്രഹത്തെ തണുപ്പാക്കുകയും ദ്രവജലത്തിന്റെ നിലനിൽപ്പിനെ തടയുകയും ചെയ്യും. അതിനാൽ, ശരിയായ "ഗോൾഡിലോക്സ് സോൺ" നിലനിൽക്കുക, അവിടെ താപനില ജലത്തെ ദ്രാവക രൂപത്തിൽ നിലനിർത്തുന്നു, ജീവിതത്തിന് സാധ്യത വർദ്ധിപ്പിക്കുന്നു.

എക്സോപ്ലാനറ്റുകളെ കണ്ടെത്താനുള്ള ദൗത്യം:

ഭൂമി പോലെയുള്ള ഗ്രഹങ്ങളെ കണ്ടെത്തുന്നത് ബുദ്ധിമുട്ടാണ്. അവ നഗ്നനേത്രങ്ങൾക്ക് കാണാനാകില്ല, ഞങ്ങൾ അവയുടെ നക്ഷത്രങ്ങളുടെ പ്രകാശത്തിൽ നിന്നുള്ള മങ്ങിയ സിഗ്നലുകൾ നോക്കേണ്ടിവരും. ഭാഗ്യവശാൽ, ശാസ്ത്രജ്ഞർ എക് സോപ്ലാനറ്റുകളെ കണ്ടെത്താൻ വിവിധ രീതികൾ വികസിപ്പിച്ചെടുത്തിട്ടുണ്ട്.

Chapter 6: Atmospheres and Climate Change

- Understanding the greenhouse effect and its impact on climate
- How planetary atmospheres respond to changes in energy input
- Past climate changes on Earth and other planets
- The future of Earth's climate and potential mitigation strategies

Chapter 6: Atmospheres and Climate Change

അധ്യായം 6: അന്തരീക്ഷങ്ങളും കാലാവസ്ഥാ വ്യതിയാനവും

ഹരിതഗൃഹ പ്രഭാവം: ഭൂമിയുടെ താപനിലയുടെ നൃത്തത്തിൽ ഒരു അദൃശ്യ നർത്തകി

നമ്മുടെ നീലഗ്രഹമായ ഭൂമിയെ ജീവനെ പിന്തുണയ്ക്കുന്ന തരത്തിൽ ചൂടാക്കുന്ന ഒരു പ്രധാന പ്രക്രിയയാണ് ഹരിതഗൃഹ പ്രഭാവം. സൂര്യനിൽ നിന്നുള്ള താപത്തെ നിയന്ത്രിച്ച് നമ്മുടെ ഗ്രഹത്തെ തണുപ്പാക്കുന്നതല്ല, ഹരിതഗൃഹ പ്രഭാവം എന്ന പേര് നിർദ്ദേശിക്കുന്നത് പോലെ, നമ്മുടെ ഗ്രഹത്തെ ഒരു തരത്തിലുള്ള ഗ്രീൻഹൗസായി പ്രവർത്തിക്കാൻ സഹായിക്കുന്ന ഒരു പ്രക്രിയയാണ്. ഈ പ്രധാന പ്രക്രിയയെക്കുറിച്ചും അത് നമ്മുടെ ഭൂമിയുടെയും ഭാവിയിലെ ജീവിതത്തിന്റെയും താപനിലയെ എങ്ങനെ സ്വാധീനിക്കുന്നുവെന്നുമുള്ള ആഴത്തിലുള്ള യാത്ര നമുക്ക് ആരംഭിക്കാം.

ഹരിതഗൃഹ പ്രഭാവത്തിന്റെ നൃത്തം:

സൂര്യനിൽ നിന്നുള്ള ഊർജ്ജം ഭൂമിയുടെ ഉപരിതലത്തെ ചൂടാക്കുന്നു. ഈ ഊർജ്ജത്തിന്റെ ഒരു ഭാഗം ഭൂമിയിൽ നിന്ന് infra-red രശ്മികളായി ⵜⵉ ചുവന്ന താപം" ഭാഗ്യം ഭൂമിയുടെ

അന്തരീക്ഷത്തിലെ ഹരിതഗൃഹവാതകങ്ങൾ ആഗിരണം ചെയ്യുന്നു. ഈ ഗ്രീൻഹൗസ്വാതകങ്ങൾ, പ്രധാനമായും ജലബാഷ്പം, CO_2, നൈട്രജൻ ഓക്സൈഡുകൾ എന്നിവ, താപത്തെ ഭൂമിക്കു പിന്നിലേക്ക് പ്രകാശിപ്പിക്കുന്നു, ഭൂമിയുടെ താപനില നിലനിർത്തുന്നു.

ഈ പ്രക്രിയ ഒരു ഗ്രീൻഹൗസിൽ സംഭവിക്കുന്നതുപോലെയാണ്, അവിടെ ഗ്ലാസുകളുടെ പുറം പാളി സൂര്യതാപത്തെ അകത്തേക്ക് പ്രവേശിപ്പിക്കുന്നു, പക്ഷേ അകത്തെ താപം പുറത്തേക്ക് പോകുന്നത് തടയുന്നു. ഈ ഹരിതഗൃഹ പ്രഭാവം ഇല്ലായിരുന്നെങ്കിൽ, ഭൂമി ശുക്രനെപ്പോലെ തണുത്തതോ ചൊവ്വയെപ്പോലെ തണുത്തതോ ആയിരിക്കുമെന്ന് വിശ്വസിക്കപ്പെടുന്നു, ജീവനു നിലനിൽക്കാൻ അനുയോജ്യമല്ല.

നക്ഷത്രങ്ങളുടെ കൊട്ടാരങ്ങൾ: ഗ്രഹ അന്തരീക്ഷങ്ങൾ ഊർജ്ജത്തിന്റെ കളിയിൽ

നമ്മുടെ സൗരയൂഥത്തിലും അപ്പുറവും വ്യത്യസ്ത വലിപ്പത്തിലും ഘടനയിലും നിരവധി ഗ്രഹങ്ങൾ താമസിക്കുന്നു. ഈ വിദൂര ലോകങ്ങൾ നക്ഷത്രങ്ങളുടെ ചൂടുള്ള ചുറ്റുപാടിൽ കറങ്ങുന്നു, അവയുടെ അന്തരീക്ഷങ്ങൾ നിരന്തരം ഊർജ്ജത്തിന്റെ ഒഴുക്കിൽ മുങ്ങിയിരിക്കുന്നു. ഈ ഊർജ്ജപ്രവാഹം എങ്ങനെയാണ് ഗ്രഹ അന്തരീക്ഷങ്ങൾ പ്രതികരിക്കുന്നതെന്ന് മനസ്സിലാക്കുന്നത് അവയുടെ കാലാവസ്ഥാ പാറ്റേണുകൾ, ഭാവി, സാധ്യതയുള്ള ജീവിതരൂപങ്ങളുടെ നിലനിൽപ്പിനെക്കുറിച്ചും ഉൾക്കാഴ്ചകൾ നൽകുന്നു.

നക്ഷത്രങ്ങളുടെ താളം:

ഗ്രഹ അന്തരീക്ഷങ്ങൾ സ്വീകരിക്കുന്ന ഊർജ്ജത്തിന്റെ പ്രധാന ഉറവിടം അവയുടെ നക്ഷത്രങ്ങളാണ്. നക്ഷത്രത്തിന്റെ തരം അതിന്റെ ഊർജ്ജ പുറപ്പെടുവീപ്പ് സ്പെക്ട്രം നിർണ്ണയിക്കുന്നു. ഉദാഹരണത്തിന്, യുവതാരങ്ങൾ പ്രകാശത്തിന്റെ ഉയർന്ന ഊർജ്ജ നില (ultraviolet, X-rays) പുറപ്പെടുവിക്കുന്നു, അതേസമയം സൂര്യനെപ്പോലെയുള്ള മുഖ്യധാരാ നക്ഷത്രങ്ങൾ ദൃശ്യ പ്രകാശത്തിൽ കൂടുതൽ കേന്ദ്രീകൃതമാണ്. ഈ വ്യത്യസ്ത ഊർജ്ജങ്ങൾ

ഗ്രഹ അന്തരീക്ഷങ്ങളുമായി വ്യത്യസ്ത രീതിയിൽ ഇടപഴകുന്നു, താപനിലയും രാസപ്രവർത്തനങ്ങളും മാറ്റുന്നു.

കാഴ്ചയുടെ നൃത്തം:

വ്യത്യസ്ത ഗ്രഹങ്ങൾ വ്യത്യസ്ത രീതികളിൽ തങ്ങളുടെ നക്ഷത്രങ്ങളിൽ നിന്നുള്ള പ്രകാശത്തെ ആഗിരണം ചെയ്യുന്നു. ഇരുണ്ട, നിറം tമിർന്ന വസ്തുക്കൾ കൂടുതൽ പ്രകാശം ആഗിരണം ചെയ്യുകയും അതിനാൽ ചൂടാകുകയും ചെയ്യുന്നു, അതേസമയം തിളച്ച വസ്തുക്കൾ പ്രകാശം പ്രതിഫലിപ്പിക്കുകയും തണുപ്പായി തുടരുകയും ചെയ്യുന്നു. ഉദാഹരണത്തിന്, ശുക്രന്റെ കട്ടിയുള്ള മേഘപടലങ്ങൾ സൂര്യപ്രകാശത്തിന്റെ ഒരു വലിയ ഭാഗം പ്രതിഫലിപ്പിക്കുന്നു, എന്നാൽ അതിന്റെ അന്തരീക്ഷത്തിലെ ഹരിതഗൃഹ വാതകങ്ങൾ താപത്തെ കെട്ടിയിട്ട് ഗ്രഹത്തെ വളരെ ചൂടാക്കുന്നു.

ചലനത്തിന്റെ കാറ്റ്:

ഗ്രഹ അന്തരീക്ഷങ്ങളിലെ ഊർജ്ജ വിതരണത്തിൽ കാറ്റുകൾ നിർണായക പങ്ക് വഹിക്കുന്നു. ഭൂമിയുടെ അന്തരീക്ഷത്തിലെ സംവഹന കാറ്റുകൾ താപത്തെ ചുറ്റുപാടും വ്യാപിപ്പിക്കുന്നു, ഭൂമിയുടെ താപനില വ്യത്യാസങ്ങൾ കുറയ്ക്കുന്നു. വ്യാഴത്തിലെ ശക്തമായ കൊടുങ്കാറ്റുകൾ ഗ്രഹത്തിന്റെ

വലിയ ചുഴിച്ചലിനൊപ്പം പ്രവർത്തിച്ച് അതിന്റെ അന്തരീക്ഷത്തിന് ഒരു അതിവിദൂര ചലനം നൽകുന്നു.

ഭൂമിയുടെ സ്മരണകൾ: കാലാവസ്ഥയുടെ കഥ പറയുന്ന പാറകളും ഗ്രഹങ്ങളും

നമ്മുടെ നീലഗ്രഹം നമുക്ക് അറിയാവുന്ന രൂപത്തിൽ എപ്പോഴും ആയിരുന്നില്ല. കാലത്തിന്റെ നീണ്ട ഒഴുക്കിൽ ഭൂമിയുടെ കാലാവസ്ഥ വലിയ മാറ്റങ്ങൾക്ക് വിധേയമായി, ഹിമയുഗങ്ങളിൽ മരവിച്ചുകിടന്നിരുന്ന കാലഘട്ടങ്ങളിൽ നിന്ന് ചൂടുള്ള ഉഷ്ണമേഖലാ കാലഘട്ടങ്ങളിലേക്ക് മാറിമാറി വന്നു. ഈ കഥ പറയുന്നത് ഭൂമിയുടെ പാറകളും മറ്റ് തെളിവുകളുമാണ്, നമ്മുടെ ഗ്രഹത്തിന്റെ മാത്രമല്ല, നമ്മുടെ സൗരയൂഥത്തിലെ മറ്റ് ഗ്രഹങ്ങളുടെയും കാലാവസ്ഥാ ചരിത്രം വെളിപ്പെടുത്തുന്നു.

ഭൂമിയുടെ ഋതുക്കളുടെ നൃത്തം:

* ഹിമയുഗങ്ങളുടെ പിടിപ്പ്: ഏറ്റവും പ്രസിദ്ധമായ കാലാവസ്ഥാ മാറ്റം ഹിമയുഗങ്ങളാണ്. ഭൂമിയുടെ ചരിവിലും സൂര്യനുമായുള്ള ദൂരത്തിലും ഉണ്ടാകുന്ന ചെറിയ വ്യത്യാസങ്ങൾ ഭൂമിയിലേക്കെത്തുന്ന സൗരോർജ്ജത്തിന്റെ അളവിനെ ബാധിക്കുന്നു, ഇത് താപനിലയിലെ ഇടിവിന് കാരണമാകുന്നു. ഏറ്റവും അടുത്ത കാലത്തെ ഹിമയുഗം ഏകദേശം 11,000 വർഷങ്ങൾക്ക് മുമ്പ് അവസാനിച്ചു, എന്നാൽ ഭൂമിയുടെ ചരിത്രത്തിൽ അവ നൂറുകണക്കിന് തവണ സംഭവിച്ചിട്ടുണ്ട്. ഹിമയുഗ കാലഘട്ടങ്ങളിൽ ഭൂമിയുടെ ഭൂരിഭാഗവും

ഹിമത്തിനടിയിൽ മൂടപ്പുരയും, കടൽനിരപ്പ് ഗണ്യമായി താഴും.

ഇടയ്ക്കുവന്ന ഇടവേളകൾ: ഹിമയുഗങ്ങൾ തമ്മിൽ ഇടയ്ക്കുവന്ന ചൂടുള്ള കാലഘട്ടങ്ങളെ ഇടയ്ക്കുവന്ന ഇടവേളകൾ എന്ന് വിളിക്കുന്നു. ഈ കാലഘട്ടങ്ങളിൽ ഭൂമിയുടെ താപനില ഉയർന്നു, ഹിമകാളപടങ്ങൾ പിൻവലിച്ചു, കടൽനിരപ്പ് ഉയർന്നു. നമ്മൾ ഇപ്പോൾ ഒരു ഇടയ്ക്കുവന്ന ഇടവേളയിലാണ് ജീവിക്കുന്നത്, ഹോളോസീൻ എന്ന് വിളിക്കുന്നത്.

മറ്റ് ഗ്രഹങ്ങളുടെ കഥകൾ:

നമ്മുടെ സൗരയൂഥത്തിലെ മറ്റ് ഗ്രഹങ്ങളും കാലാവസ്ഥാ മാറ്റങ്ങൾക്ക് വിധേയമായിട്ടുണ്ട്:

ശുക്രൻ: ഒരിക്കൽ സമുദ്രങ്ങളുള്ള ഒരു ഭൂമി പോലെയുള്ള ഗ്രഹമായിരുന്നു ശുക്രൻ എന്ന് വിശ്വസിക്കപ്പെടുന്നു. എന്നാൽ, ഒരു ശക്തമായ ഹരിതഗൃഹ പ്രഭാവം ഗ്രഹത്തെ ചൂടാക്കി, സമുദ്രങ്ങൾ ബാഷ്പീകരിക്കുകയും വളരെ ചൂടും വരണ്ടതുമായ ഇന്നത്തെ അവസ്ഥയിലേക്ക് നയിക്കുകയും ചെയ്യു.

ഭൂമിയുടെ കാലാവസ്ഥയുടെ ഭാവി: ലഘൂകരണ തന്ത്രങ്ങളുടെ സാധ്യതകൾ

മനുഷ്യകുലത്തിന്റെ ചരിത്രത്തിലെ ഏറ്റവും നിർണായകമായ വെല്ലുവിളികളിൽ ഒന്നാണ് ഭൂമിയുടെ കാലാവസ്ഥാ വ്യതിയാനം. നമ്മുടെ ഗ്രഹത്തിന്റെ താപനില ഉയർത്തുന്ന ഗ്രീൻഹൗസ് വാതകങ്ങളുടെ പുറംതള്ളലിന്റെ ഫലമായി സംഭവിക്കുന്ന ഈ മാറ്റം, നമ്മുടെ പരിസ്ഥിതിയെ അടിസ്ഥാനപരമായി മാറ്റിമറിക്കുകയും നമ്മുടെ ഭാവിതലമുറകൾക്ക് ഗുരുതരമായ പ്രത്യാഘാതങ്ങൾ ഉണ്ടാക്കുകയും ചെയ്യും. പക്ഷേ, ഇതിനെക്കുറിച്ച് ഇപ്പോഴും പ്രതീക്ഷ അവശേഷിക്കുന്നു. പ്രഭാവം കുറയ്ക്കാനും കാലാവസ്ഥാ വ്യതിയാനത്തിന്റെ ഏറ്റവും മോശമായ പ്രത്യാഘാതങ്ങൾ ഒഴിവാക്കാനും നമുക്ക് നടപടികൾ കൈക്കൊള്ളാൻ കഴിയും. ഈ ലേഖനത്തിൽ, ഭൂമിയുടെ കാലാവസ്ഥയുടെ ഭാവി എന്താണെന്ന് പരിശോധിക്കുകയും ഈ ഗുരുതരമായ പ്രശ്നം പരിഹരിക്കാൻ നമുക്ക് ഉപയോഗിക്കാവുന്ന ലഘൂകരണ തന്ത്രങ്ങൾ ചർച്ച ചെയ്യുകയും ചെയ്യും.

ഭാവി പ്രവചനങ്ങൾ:

ശാസ്ത്രീയ മോഡലുകൾ പ്രവചിക്കുന്നത് ഭാവിയിൽ കാലാവസ്ഥാ വ്യതിയാനം ശക്തിപ്പെടുകയും ത്വരിതപ്പെടുകയും ചെയ്യുമെന്നാണ്. ഫലിതമായി, കഴിഞ്ഞ

നൂറ്റാണ്ടിൽ നാം അനുഭവിച്ചതിനേക്കാൾ ഊഷ്മളമായതും കഠിനമായതും പ്രവചനാതീതവുമായ കാലാവസ്ഥയാണ് നമുക്ക് പ്രതീക്ഷിക്കേണ്ടത്. ഇതിനർത്ഥം;

- ഉയർന്ന താപനിലകൾ: ശരാശരി ആഗോള താപനില 2°C മുതൽ 4°C വരെ ഉയരാൻ സാധ്യതയുണ്ട്. ഇത് തീവ്ര കൊടുങ്കാറ്റുകൾ, ചൂട് തരംഗങ്ങൾ, വരൾച്ചകൾ എന്നിവയിലേക്ക് നയിച്ചേക്കാം.

- കടൽനിരപ്പ് ഉയർന്നുവരൽ: ഹിമപാളകൾ ഉരുകുന്നതും താപനില വർദ്ധിക്കുന്നതും കടൽനിരപ്പ് ഉയർത്തുന്നതിന് കാരണമാകും. തീരപ്രദേശങ്ങൾ, താഴ്ന്ന പ്രദേശങ്ങൾ എന്നിവയെ ഇത് ഗുരുതരമായി ബാധിക്കും.

- കാലാവസ്ഥാ സ്വഭാവത്തിലുണ്ടാകുന്ന മാറ്റങ്ങൾ: മഴ രൂപീകരണ മാതൃകകളും കൊടുങ്കാറ്റുകളുടെ തീവ്രതയും മാറും. ഇത് കൃഷി, ജലവിതരണം, ജൈവവൈവിധ്യം എന്നിവയെ പ്രതികൂലമായി ബാധിക്കും.

Chapter 7: Atmospheres and the Search for Life

- Biosignatures: potential signs of life in planetary atmospheres
- The importance of water and habitable zones
- Astrobiology missions searching for life on other planets
- The future of life detection and the search for extraterrestrial intelligence

Chapter 7: Atmospheres and the Search for Life

അധ്യായം 7: അന്തരീക്ഷങ്ങളും ജീവന്റെ തിരയലും

ബയോസിഗ്നേച്ചറുകൾ: ഗ്രഹ അന്തരീക്ഷങ്ങളിലെ ജീവിതത്തിന്റെ സാധ്യതയുള്ള സൂചനകൾ

ജീവൻ എവിടെയൊക്കെയും നിലനിൽക്കുന്നുണ്ടോ? ഈ ചോദ്യം മനുഷ്യരാശിയെ എന്നും ആകർഷിച്ചിട്ടുണ്ട്. നമ്മുടെ ഗ്രഹത്തിന് പുറത്തുള്ള ജീവന്റെ സാന്നിധ്യം സ്ഥിരീകരിക്കുക ദുഷ് കരമാണെങ്കിലും, വിദൂര ഗ്രഹങ്ങളുടെ അന്തരീക്ഷങ്ങളെ പരിശോധിച്ച് ജീവിതത്തിന്റെ സൂചനകൾ തേടാനുള്ള കഴിവിലൂടെ ഇപ്പോൾ നമ്മൾ ഒരു പുതിയ യുഗത്തിലേക്ക് പ്രവേശിച്ചിരിക്കുന്നു. ഇത്തരത്തിലുള്ള സൂചനകളെയാണ് ബയോസിഗ്നേച്ചറുകൾ എന്ന് വിളിക്കുന്നത്.

എന്താണ് ബയോസിഗ്നേച്ചറുകൾ?

ഒരു ഗ്രഹത്തിന്റെ അന്തരീക്ഷത്തിലെ രാസഘടനയുടെ നിരീക്ഷണങ്ങളെ അടിസ്ഥാനമാക്കിയാണ് ബയോസിഗ്നേച്ചറുകൾ കണ്ടെത്തുന്നത്. ജീവൻ നിലനിൽക്കുന്നില്ലെങ്കിൽ അസാധാരണമെന്ന്

കരുതുന്ന രാസ കൂട്ടുകൾ അല്ലെങ്കിൽ അനുപാതങ്ങൾ ബയോസിഗ്നേച്ചറുകളായി പ്രവർത്തിക്കുന്നു. ഇവ ജീവന്റെ നേരിട്ടുള്ള തെളിവല്ലെങ്കിലും, ജൈവ പ്രവർത്തനങ്ങളുടെ ഉപോൽപ്പന്നങ്ങളായിരിക്കാനുള്ള സാധ്യത കൂടുതലാണ്.

സാധ്യതയുള്ള ബയോസിഗ്നേച്ചറുകൾ:

- ഓക്സിജൻ (O2): ഭൂമിയുടെ അന്തരീക്ഷത്തിന്റെ 21% ഓക്സിജൻ സസ്യങ്ങളുടെ പ്രകാശസംയോജനത്തിന്റെ ഫലമായാണ് ഉണ്ടാകുന്നത്. മറ്റൊരു ഗ്രഹത്തിന്റെ അന്തരീക്ഷത്തിൽ കാര്യമായ അളവിൽ ഓക്സിജൻ കണ്ടെത്തിയാൽ അത് ജീവന്റെ സാന്നിധ്യത്തിന്റെ ശക്തമായ സൂചനയാണ്.

- മീഥേൻ (CH4): ഭൂമിയിൽ, ബാക്ടീരിയ തടാകങ്ങളുടെയും ചതുപ്പുകളുടെയും അടിയിൽ ജീവിച്ച് മീഥേൻ ഉത്പാദിപ്പിക്കുന്നു. ഒരു ഗ്രഹത്തിന്റെ അന്തരീക്ഷത്തിൽ ആവശ്യത്തിന് ഉയർന്ന താപനിലയും മർദ്ദവും ഉണ്ടെങ്കിൽ, ജൈവപ്രവർത്തനങ്ങളിലൂടെയും അജൈവ പ്രവർത്തനങ്ങളിലൂടെയും മീഥേൻ ഉത്പാദിപ്പിക്കപ്പെടാം.

- നൈട്രസ് ഓക്സൈഡ് (N2O): വിവിധ ജൈവ പ്രക്രിയകളിലൂടെ ഉത്പാദിപ്പിക്കപ്പെടുന്ന ഒരു വാതകമാണ് നൈട്രസ് ഓക്സൈഡ്. ഭൂമിയിൽ, മണ്ണിലെ ബാക്ടീരിയ

പ്രവർത്തനം N2O ഉത്പാദിപ്പിക്കുന്നതിന്റെ പ്രധാന കാരണമാണ്.

ഫോസ്ഫിൻ (PH3): ഭൂമിയിൽ അപൂർവമായ ഒരു വാതകമാണ് ഫോസ്ഫിൻ. എന്നാൽ ഫോസ്ഫറസിന്റെ ബാക്ടീരിയ വിഘടനത്തിന്റെ ഫലമായി ഗണ്യമായ അളവിൽ ഫോസ്ഫിൻ ഉത്പാദിപ്പിക്കപ്പെടുന്നു.

ജലത്തിന്റെ പ്രാധാന്യവും വാസയോഗ്യ മേഖലകളും

ജീവന്റെ നിലനിലിപിന് അത്യന്താപേക്ഷിതമായ ഒരു ഘടകമാണ് ജലം. ഭൂമിയിൽ നാം അറിയുന്ന ജീവിതരൂപങ്ങൾക്ക് ജലം അനിവാര്യമാണ്. എന്നാൽ ജലം മാത്രം മതിയോ? ജീവൻ നിലനിൽക്കണമെങ്കിൽ, ഗ്രഹങ്ങൾ ഒരു പ്രത്യേക "വാസയോഗ്യ മേഖല" യിൽ സ്ഥിതിചെയ്യേണ്ടത് ആവശ്യമാണ്. ഈ ലേഖനത്തിൽ, ജലത്തിന്റെ പ്രാധാന്യവും വാസയോഗ്യ മേഖലകളും തമ്മിലുള്ള ബന്ധം നമുക്ക് പരിശോധിക്കാം.

ജലത്തിന്റെ പ്രാധാന്യം:

- ജലം ഒരു അലിയിക്കുന്നിയാണ്: ജലം വിവിധ പദാർഥങ്ങളെ അലിയിക്കാൻ കഴിവുള്ള ഒരു മികച്ചമായ ലായനിയാണ്. ഇത് ജീവപദാർഥങ്ങൾ, ധാതുക്കൾ, മറ്റ് പോഷകങ്ങൾ എന്നിവയുടെ ഗതാഗതത്തിന് അത്യന്താപേക്ഷിതമാണ്.

    - ജലം രാസപ്രവർത്തനങ്ങൾക്ക് അത്യാവശ്യമാണ്: ജീവന്റെ നിലനിലിപിനും വളർച്ചയ്ക്കും അടിസ്ഥാനമായ നിരവധി രാസപ്രവർത്തനങ്ങൾ ജലത്തിന്റെ സാന്നിധ്യത്തിലാണ് നടക്കുന്നത്.

    - ജലം താപനില നിയന്ത്രിക്കുന്നു: ജലം ഉയർന്ന താപനില ശേഷി ഉള്ളതിനാൽ,

ഗ്രഹങ്ങളുടെ താപനില ഏറ്റക്കുറ്റവും കുറേയും കൂടുതലും ആയി വ്യത്യാസപ്പെടുന്നത് തടയുന്നു.

വാസയോഗ്യ മേഖലകൾ:

- ഗോൾഡിലോക്സ് മേഖലകൾ എന്നും അറിയപ്പെടുന്ന വാസയോഗ്യ മേഖലകൾ, ഒരു നക്ഷത്രത്തിന്റെ ചുറ്റുമുള്ള പ്രദേശങ്ങളാണ്, അവിടെ ഗ്രഹങ്ങളുടെ ഉപരിതലത്തിൽ ദ്രാവക ജലം നിലനിൽക്കാൻ കഴിയും.

മറ്റ് ഗ്രഹങ്ങളിൽ ജീവിതം തേടി: ജ്യോതിജീവശാസ്ത്ര ദൗത്യങ്ങൾ

മനുഷ്യരാശിയുടെ നീണ്ട ചരിത്രത്തിലുടനീളം, ഒറ്റ ഏകാന്ത ഗ്രഹം മാത്രമല്ല ഈ പ്രപഞ്ചമെന്നും അതിനപ്പുറവുമെന്നും നമുക്ക് തോന്നിയിട്ടുണ്ട്. ആ ഒറ്റപ്പെടലിന്റെ പ്രതീതിയെ നേരിടുന്നതിനൊപ്പം, മറ്റൊരു പ്രധാന ചോദ്യവും നമ്മെ വിട്ടുപോകുന്നില്ല: ഭൂമി മാത്രമാണോ ജീവനുള്ള ഏക ലോകം?

ഈ ചോദ്യത്തിനുത്തരം നൽകാൻ ശ്രമിക്കുന്ന ശാസ്ത്രീയ മേഖലയാണ് ജ്യോതിജീവശാസ്ത്രം. ജീവൻ എവിടെയൊക്കെയും നിലനിൽക്കുന്നുണ്ടോ എന്നും അങ്ങനെയെങ്കിൽ അത് എങ്ങനെ ഉണ്ടായി എന്നും മനസ്സിലാക്കാനാണ് ഇതിന്റെ ലക്ഷ്യം.

ഈ ലേഖനത്തിൽ, മറ്റ് ഗ്രഹങ്ങളിൽ ജീവൻ കണ്ടെത്താനുള്ള ശ്രമത്തിൽ ഏർപ്പെട്ടിരിക്കുന്ന ചില പ്രധാന ജ്യോതിജീവശാസ്ത്ര ദൗത്യങ്ങളെ നമുക്ക് പരിചയപ്പെടാം.

1. ട്രാൻസിറ്റിംഗ് എക്സോപ്ലാനെറ്റ് സർവേ സാറ്റലൈറ്റ് (TESS):

2018 ൽ വിക്ഷേപിക്കപ്പെട്ട ടെസ്സ്, നമ്മുടെ സൗരയൂഥത്തിന് പുറത്തുള്ള ഗ്രഹങ്ങളെ കണ്ടെത്തുന്നതിൽ വിപ്ലവം സൃഷ്ടിച്ച ഒരു ദൗത്യമാണ്. ഈ ചെറിയ, ശക്തമായ ഉപഗ്രഹം

ആകാശത്തിന്റെ ഭൂരിഭാഗവും നിരീക്ഷിച്ച് ഗ്രഹങ്ങൾ അവരുടെ നക്ഷത്രങ്ങളുടെ മുന്നിൽ കടന്നുപോകുമ്പോൾ തിളപ്പത്തിലുണ്ടാകുന്ന ചെറിയ കുറവുകളെ തേടുന്നു. ഈ കുറവുകൾ ഒരു ഗ്രഹം നക്ഷത്രത്തിന്റെ മുന്നിൽ കടന്നുപോകുമ്പോൾ നക്ഷത്രത്തിന്റെ പ്രകാശം തടയുന്നതിനാലാണ് സംഭവിക്കുന്നത്.

ഇതുവരെ, ടെസ്സ് 5,000 ത്തിലധികം എക്സോപ്ലാനെറ്റ് സ്ഥാനാർഥികളെ കണ്ടെത്തിയിട്ടുണ്ട്, അവയിൽ പലതും ഭൂമിയുടെ വലിപ്പത്തിലോ അതിനേക്കാൾ ചെറുതോ ആണ്. ഈ ഗ്രഹങ്ങളുടെ ഭൗതിക ഗുണങ്ങളെക്കുറിച്ച് കൂടുതൽ മനസ്സിലാക്കാൻ ഭാവി ദൗത്യങ്ങൾ ഇവയെ നിരീക്ഷിക്കും.

2. ജെയിംസ് വെബ് സ്പേസ് ടെലിസ്കോപ്പ് (JWST):

2021 ൽ വിക്ഷേപിക്കപ്പെട്ട JWST, ഇതുവരെ നിർമ്മിച്ചതിൽ വച്ച് ഏറ്റവും ശക്തമായ അന്തരീക്ഷ ടെലിസ്കോപ്പാണ്. ഇൻഫ്രാറെഡ് വികിരണം കണ്ടെത്താൻ ഇതിന് കഴിവുണ്ട്, ഇത് ഹബ്ബിൾ സ്പേസ് ടെലിസ്കോപ്പിന് കാണാൻ കഴിയാത്ത പൊടിയും വാതകവും നിറഞ്ഞ പ്രദേശങ്ങളിലൂടെ കാണാൻ അനുവദിക്കുന്നു.

ജീവൻ കണ്ടെത്തലിന്റെ ഭാവി: ബഹിരാകാശ ബുദ്ധിയുടെ തിരച്ചിൽ

മനുഷ്യരാശിയുടെ ചരിത്രത്തിലുടനീളം, നമ്മുടെ സ്ഥാനം പ്രപഞ്ചത്തിൽ ഒറ്റപ്പെട്ടതാണോ അല്ലെങ്കിൽ നമ്മില്ലാതെ മറ്റെന്തെങ്കിലും ഉണ്ടോ എന്ന് നമ്മെ അലട്ടിയിട്ടുണ്ട്. ഈ രഹസ്യം തുറക്കാനുള്ള ദൗത്യത്തിലാണ് ജീവജ്യോതിഷാസ്ത്രവും എക്സോടോളജിയും. ഭൂമിക്ക് പുറത്ത് ജീവൻ നിലനിൽക്കുന്നുണ്ടോ എന്നും അങ്ങനെയെങ്കിൽ അത് എങ്ങനെ ഉണ്ടായി എന്നും മനസ്സിലാക്കാനാണ് ഈ ശാസ്ത്രശാഖകൾ ലക്ഷ്യമിടുന്നത്.

ഇന്ന്, ജീവന്റെ അടയാളങ്ങൾ കണ്ടെത്താനുള്ള നമ്മുടെ കഴിവ് അതിവേഗം വികസിച്ചുകൊണ്ടിരിക്കുന്നു. പുതിയ ദൗത്യങ്ങളും സാങ്കേതികവിദ്യകളും നമുക്ക് മുമ്പൊരിക്കലും സാധ്യമായിരുന്നില്ലാത്ത രീതിയിൽ പ്രപഞ്ചത്തെ പര്യവേക്ഷണം ചെയ്യാനും വിദൂര ഗ്രഹങ്ങളെ പരിശോധിക്കാനും അനുവദിക്കുന്നു. ഈ പുരോഗതിയിൽ, ജീവൻ കണ്ടെത്തലിന്റെ ഭാവി വളരെ പ്രതീക്ഷാനിർഭരമാണ്, അതേസമയം, ബഹിരാകാശ ബുദ്ധിയുടെ (ETI) സാധ്യതയെക്കുറിച്ചും നമുക്ക് ആശ്ചര്യപ്പെടാം.

ജീവൻ കണ്ടെത്തലിന്റെ ഭാവിലേക്ക് കടന്നുചെല്ലുന്നു:

85

ജെയിംസ് വെബ് സ്പേസ് ടെലിസ്കോപ്പ് (JWST): ഇൻഫ്രാറെഡ് വികിരണം കണ്ടെത്താൻ കഴിവുള്ള ഈ ശക്തമായ ദൂരദർശി, വാസയോഗ്യ മേഖലകളിലെ ഗ്രഹങ്ങളുടെ അന്തരീക്ഷങ്ങളെ വിശദമായി പരിശോധിക്കും. JWST ജലത്തിന്റെയും മീഥേന്റെയും സാന്നിധ്യം കണ്ടെത്താനും, ഒരു ഗ്രഹത്തിന്റെ വാസയോഗ്യത വിലയിരുത്താനും ഉപയോഗിക്കും.

ARCHEOPS (Atmospheric Remote-sensing CHEmical Observations Payload for ExoPlanets): യൂറോപ്യൻ സ്പേസ് ഏജൻസി വികസിപ്പിച്ചെടുത്ത ഈ ഉപകരണം വിദൂര ഗ്രഹങ്ങളുടെ അന്തരീക്ഷ ഘടന വിശകലനം ചെയ്യാൻ ഉപയോഗിക്കും. ഇത് ജല ബാഷ്പം, കാർബൺ ഡൈ ഓക്സൈഡ്, മീഥേൻ എന്നിവ പോലുള്ള ജീവന്റെ സാധ്യതയുള്ള ബയോസിഗ്നേച്ചറുകൾ കണ്ടെത്താൻ സഹായിക്കും. NIRPS (Near InfraRed Planet Searcher): ഭാവിയിലെ വളരെ വലിയ ദൂരദർശികൾക്കായി വികസിപ്പിച്ചെടുത്ത ഈ ഉപകരണം, ഭൂമിയുടെ വലിപ്പത്തിലുള്ള ഗ്രഹങ്ങളെ കണ്ടെത്താനും അവയുടെ അന്തരീക്ഷങ്ങളുടെ പ്രാഥമിക ഘടന വിശകലനം ചെയ്യാനും കഴിവുള്ളതാണ്.

Chapter 8: The Future of Atmospheric Exploration

- New technologies for studying planetary atmospheres

- Upcoming space missions and their objectives

- The potential for human exploration of other planets

- The importance of atmospheric science for understanding our place in the universe

Chapter 8: The Future of Atmospheric Exploration

അധ്യായം 8: അന്തരീക്ഷ പര്യവേക്ഷണത്തിന്റെ ഭാവി

ഗ്രഹ പഠനത്തിനായുള്ള അന്തരീക്ഷങ്ങളുടെ പുതിയ സാങ്കേതികവിദ്യകൾ

നമ്മുടെ സൗരയൂഥത്തിന് പുറത്തുള്ള ഗ്രഹങ്ങളുടെ രഹസ്യങ്ങൾ തുറക്കാൻ ശ്രമിക്കുന്നതിനൊപ്പം, ഭൂമിയുടെ സ്വന്തം അന്തരീക്ഷത്തെക്കുറിച്ചും കൂടുതൽ മനസ്സിലാക്കാൻ ശ്രമിച്ചുകൊണ്ടിരിക്കുന്നു. കാലാവസ്ഥാ വ്യതിയാനം, വായുമലിനീകരണം, മറ്റ് പരിസ്ഥിതി പ്രശ്നങ്ങൾ എന്നിവയെക്കുറിച്ചുള്ള നമ്മുടെ ഗ്രാഹ്യത്തെ മെച്ചപ്പെടുത്താൻ ഗ്രഹ അന്തരീക്ഷങ്ങളെ പഠനം അനിവാര്യമാണ്. ഈ പഠനങ്ങൾക്ക് പുതിയ കരുത്ത് നൽകുന്ന നിരവധി ആവേശകരമായ പുതിയ സാങ്കേതികവിദ്യകൾ ഇന്ന് വികസിപ്പിച്ചുകൊണ്ടിരിക്കുന്നു.

1. അടുത്ത തലമുറ ദൂരദർശികൾ:

• ജെയിംസ് വെബ് സ്പേസ് ടെലിസ്കോപ്പ് (JWST): ഇതിനകം തന്നെ വിക്ഷേപിക്കപ്പെട്ട JWST, ഇതുവരെ നിർമ്മിച്ചതിൽ വച്ച് ഏറ്റവും ശക്തമായ അന്തരീക്ഷ ടെലിസ്കോപ്പാണ്. ഇൻഫ്രാറെഡ്

വികിരണം കണ്ടെത്താൻ ഇതിന് കഴിവുണ്ട്, ഇത് ഹബ്ബിൾ സ്പേസ് ടെലിസ്കോപ്പിന് കാണാൻ കഴിയാത്ത പൊടിയും വാതകവും നിറഞ്ഞ പ്രദേശങ്ങളിലൂടെ കാണാൻ അനുവദിക്കുന്നു. JWST വിദൂര ഗ്രഹങ്ങളുടെ അന്തരീക്ഷങ്ങൾ നിരീക്ഷിക്കാൻ ഉപയോഗിക്കും, അവയിൽ ജലത്തിന്റെയും മറ്റ് ജൈവ സൂചനകളുടെയും സാന്നിധ്യം കണ്ടെത്താൻ ശ്രമിക്കും.

Extremely Large Telescope (ELT): ചിലിയിലെ മരുഭൂമിയിൽ നിർമ്മാണത്തിലിരിക്കുന്ന ELT, JWST യേക്കാൾ വലിയതും ശക്തവുമാണ്. ദൃശ്യ, അടുത്ത ഇൻഫ്രാറെഡ് തരംഗങ്ങളിൽ പ്രവർത്തിക്കുന്ന ELT, വിദൂര ഗ്രഹങ്ങളുടെ അന്തരീക്ഷ ഘടനയെ കൂടുതൽ വിശദമായി പഠിക്കാൻ അനുവദിക്കും. ചെറുകിട ഉപഗ്രഹങ്ങൾ:

- CubeSats: 10x10x10 സെന്റിമീറ്റർ വലിപ്പമുള്ള ചെറിയ ഉപഗ്രഹങ്ങളാണ് CubeSats. അവയുടെ ചെറിയ വലിപ്പവും കുറഞ്ഞ ചെലവും കാരണം, ഗ്രഹ അന്തരീക്ഷങ്ങളെ നിരീക്ഷിക്കാൻ ഒരേസമയം നിരവധി CubeSats വിക്ഷേപിക്കാൻ കഴിയും. ഭൂമിയുടെ അന്തരീക്ഷത്തിലെ വ്യത്യാസങ്ങൾ നിരീക്ഷിക്കാനും കാലാവസ്ഥാ പ്രതിഭാസങ്ങളെ മനസ്സിലാക്കാനും ഇവ ഇതിനകം ഉപയോഗിക്കുന്നുണ്ട്.

ആകാശത്തിന്റെ അതീതങ്ങളിലേക്ക്: വരാനിരിക്കുന്ന ബഹിരാകാശ ദൗത്യങ്ങളും ലക്ഷ്യങ്ങളും

നക്ഷത്രങ്ങളുടെ തിളക്കമേറിയ പരവതാനി വിരിച്ചുകിടക്കുന്നു, നമ്മുടെ ഭൂമിയെ ചുറ്റിപ്പറ്റി. എന്നാൽ അതിനപ്പുറത്ത് എന്താണെന്ന് അറിയാനുള്ള മനുഷ്യന്റെ അടങ്ങാത്ത വിശപ്പ്, നമ്മെ കൂടുതൽ ദൂരതേയിലേക്ക്, അജ്ഞാത സീമകളിലേക്ക് കടന്നുപോകാൻ പ്രേരിപ്പിക്കുന്നു. ഈ പര്യവേഷണത്തിന്റെ മുൻപന്തിയില് സ്ഥിതി ചെയ്യുന്നവയാണ് വരാനിരിക്കുന്ന ബഹിരാകാശ ദൗത്യങ്ങള്, നമ്മുടെ പ്രപഞ്ചത്തെക്കുറിച്ചുള്ള ധാരണകളെ വിപുലീകരിക്കാനും നമ്മുടെ സ്ഥാനം ഗ്രഹിക്കാനുമുള്ള ശ്രമത്തിലാണ് അവ. ഈ ലേഖനത്തില്, ഏറ്റവും ആഹ്ലാദകരമായ ചില ദൗത്യങ്ങള് എന്തെല്ലാമെന്നും അവയുടെ ലക്ഷ്യങ്ങള് എന്തെന്നും നമുക്ക് പരിശോധിക്കാം.

1. ചന്ദ്രനിലേക്കുള്ള മടക്കം: ആര്ട്ടെമിസ് 3

നാല്പ്പതിറ്റാണ്ടുകള്ക്ക് ശേഷം മനുഷ്യരെ വീണ്ടും ചന്ദ്രനിലേക്ക് കൊണ്ടുപോകാനുള്ള നാസയുടെ മഹത്തായ പദ്ധതിയാണ് ആര്ട്ടെമിസ് 3. 2025 കൂടിയ 2024 റോക്കറ്റുകള് അടങ്ങിയ ലൂണാര് ഗേറ്റ്വേ എന്ന ബഹിരാകാശ നിലയം ഇതിനായി നിര്മ്മാണത്തിലാണ്. ഒക്ടോബര് 2024-ല് ആള്പ്പറക്കലിനോട് കൂടി ആരംഭിക്കുന്ന ഈ

ദൗത്യത്തില് ഒരു സ്ത്രീയും ഒരു പുരുഷനും ഉള്പ്പെടെ രണ്ട് ബഹിരാകാശ സഞ്ചാരികള് ചന്ദ്രന്റെ ദക്ഷിണ ധ്രുവത്തിലേക്ക് യാത്ര ചെയ്യും. അവിടെ അവര് ജല ഹിമത്തിന്റെ സാന്നിധ്യം അന്വേഷിക്കുകയും നമ്മുടെ ഭാവി ചന്ദ്ര അടിത്തറയ്ക്കായി ഗവേഷണം നടത്തുകയും ചെയ്യും.

2. ചന്ദ്രന്റെ ഇരുണ്ട വശത്ത് നിന്നുള്ള സാംപിള് ശേഖരണം: ചാങ്'ഏ 6

ചന്ദ്രന്റെ അദൃശ്യമായ ഭാഗത്തെക്കുറിച്ചുള്ള ധാരണകള് വര്ദ്ധിപ്പിക്കാനാണ് ചൈനയുടെ ചാങ്'ഏ 6 ദൗത്യം ലക്ഷ്യമിടുന്നത്. 2024 മെയ് മാസത്തോടെ ഈ റോബോട്ടിക് ദൗത്യം ചന്ദ്രന്റെ ഉപരിതലത്തില് നിന്നും മണ്ണും പാറകളും ശേഖരിച്ച് ഭൂമിയിലേക്ക് തിരിച്ചുകൊണ്ടുവരും. ഈ സാംപിളുകള് അവിടെ നിലനിന്നിരുന്ന പുരാതന ഗ്രഹാണുപടലങ്ങളുടെ ഘടനയെക്കുറിച്ച് നമുക്ക് കൂടുതല് വിവരങ്ങള് നല്കും.

മനുഷ്യന്റെ കാല്പാടുകള് മറ്റു ഗ്രഹങ്ങളില്: സാധ്യതകളും വെല്ലുവിളികളും

നക്ഷത്രനിബിഡമായ ആകാശത്തെ നോക്കുമ്പോള് നമ്മുടെ ഭൂമിയെന്ന ചെറിയ ദ്വീപ് തിരിച്ചറിയാനാകും. എന്നാല് നമ്മുടെ ഭാവനകള് ഈ ദ്വീപിന്റെ അതിരുകള് ലംഘിച്ചു, അജ്ഞാത ഗ്രഹങ്ങളും നക്ഷത്രസമൂഹങ്ങളും തേടുന്നു. ഈ കൗതുകത്തിന്റെയും പര്യവേഷണത്തിന്റെയും ഫലമാണ് മനുഷ്യന്റെ മറ്റു ഗ്രഹങ്ങളിലെ പര്യവേഷണം എന്ന സ്വപ്നം. ഈ സ്വപ്നത്തിന്റെ സാധ്യതകളും നേരിടേണ്ട വെല്ലുവിളികളും പരിശോധിക്കാം.

സാധ്യതകള്:

1. ജീവന്റെ കണ്ടെത്തല്: ഭൂമിക്കപ്പുറത്ത് ജീവന് നിലനില്ക്കുമോ എന്ന ചോദ്യം നൂറ്റാണ്ടുകളായി നമ്മെ അലട്ടുന്നു. ചൊവ്വയിലെ ഹിമകട്ടകള്, ശനിയുടെ ഉപഗ്രഹമായ എന്സെലാഡസിലെ ദ്രവ സമുദ്രം, വ്യാഴത്തിന്റെ ഉപഗ്രഹമായ യൂറോപ്പയിലെ ഉപ്പുവെള്ളം തുടങ്ങിയ സ്ഥലങ്ങള് ജീവന് നിലനില്ക്കാന് അനുകൂല സാഹചര്യങ്ങള് നല്കുന്നു. മനുഷ്യന്റെ നേരിട്ടുള്ള പര്യവേഷണം, ഈ സ്ഥലങ്ങളില് ജീവന്റെ അടയാളങ്ങള് കണ്ടെത്തുന്നതിനുള്ള സാധ്യത വര്ദ്ധിപ്പിക്കും.

1.
വിഭവങ്ങളുടെ കണ്ടെത്തല്‍: ഭൂമിയുടെ വിഭവങ്ങള്‍ പരിമിതമാണ്. ഭാവിയില്‍ മനുഷ്യ വംശത്തിന്റെ നിലനില്‍പിനായി, മറ്റു ഗ്രഹങ്ങളില്‍ നിന്നും ധാതുക്കള്‍, വെള്ളം, ഊര്‍ജ സ്രോതസ്സുകള്‍ തുടങ്ങിയ വിഭവങ്ങള്‍ കണ്ടെത്തുന്നത് നിര്‍ണായകമാണ്. ചൊവ്വയിലെ ഹിമത്തില്‍ വെള്ളം കണ്ടെത്തിയിട്ടുണ്ട്, ഛിന്നഗ്രഹങ്ങളില്‍ വിവിധ ലോഹങ്ങള്‍ ലഭിക്കാനുള്ള സാധ്യതയും ഉണ്ട്. ഇത്തരം വിഭവങ്ങള്‍ കണ്ടെത്തുന്നതിനും ശേഖരിക്കുന്നതിനും മനുഷ്യന്റെ നേരിട്ടുള്ള പര്യവേഷണം സഹായകമാകും.

2. ശാസ്ത്രീയ പുരോഗതി: മനുഷ്യന്റെ ചരിത്രത്തിലെ ഏറ്റവും വലിയ ചുവടുവയ്പ്പുകളിലൊന്നാണ് ബഹിരാകാശ പര്യവേഷണം. ഓരോ പുതിയ ദൗത്യവും നമ്മുടെ പ്രപഞ്ചത്തെക്കുറിച്ചുള്ള അറിവുകള്‍ വിപുലീകരിക്കുകയും പുതിയ ടെക് നോളജികള്‍ വികസിപ്പിക്കാന്‍ പ്രേരിപ്പിക്കുകയും ചെയ്യുന്നു. മറ്റു ഗ്രഹങ്ങളിലെ പര്യവേഷണം, ഭൗതികശാസ്ത്രം, ജീവശാസ്ത്രം, എഞ്ചിനീയറിംഗ് തുടങ്ങിയ നിരവധി മേഖലകളില്‍ വിപ്ലവകരമായ മുന്നേറ്റങ്ങള്‍ക്ക് വഴിയൊരുക്കും.

വായുവിന്റെ ഗ്രന്ഥം: നമ്മുടെ പ്രപഞ്ചത്തിലെ നമ്മുടെ സ്ഥാനം മനസ്സിലാക്കാനുള്ള വഴികാട്ടി

നമ്മള് ശ്വസിക്കുന്ന ഈ വായുവിനെ നാം പലപ്പോഴും അവഗണിക്കാറുണ്ട്. എന്നാല് ഈ അദൃശ്യ പുതപ്പ് നമ്മുടെ ഗ്രഹത്തിന്റെ ജീവനാഡിയാണ്, നമ്മുടെ നിലനില്പിന് അത്യന്താപേക്ഷിതമാണ്. കാലാവസ്ഥ വ്യതിയാനങ്ങള് മുതല് ബഹിരാകാശ ഗവേഷണം വരെ, നമ്മുടെ പ്രപഞ്ചത്തിലെ നമ്മുടെ സ്ഥാനം മനസ്സിലാക്കാന് അന്തരീക്ഷ ശാസ്ത്രം നിര്ണായകമാണ്.

വായുവിന്റെ കഥ പറയുന്നു:

1. ജീവന്റെ തുടര്ച്ച: ഭൂമിയുടെ അന്തരീക്ഷമാണ് നമ്മള് ശ്വസിക്കുന്ന ഓക്സിജന്റെ കലവറ. ഇത് നമ്മുടെ ഗ്രഹത്തെ ചൂടാക്കുകയും സംരക്ഷിക്കുകയും ചെയ്യുന്നു, കഠിനമായ അള്ട്രാവയലറ്റ് രശ്മികളെ തടസ്സപ്പെടുത്തി ജീവന് നിലനില്ക്കാന് അനുകൂല സാഹചര്യങ്ങള് ഒരുക്കുന്നു. ഓസോണ് പാളി, ഈ അപകടകരമായ രശ്മികളെ ഫില്ട്ടര് ചെയ്യുന്ന ഒരു അദൃശ്യ പരിചയാണ്, അന്തരീക്ഷ ശാസ്ത്രത്തിന്റെ പഠനത്തിലൂടെ നാം മനസ്സിലാക്കുകയും സംരക്ഷിക്കുകയും ചെയ്യുന്ന ഒന്നാണ്.

2. കാലാവസ്ഥയുടെ നാടകം: കാറ്റും മഴയും മഞ്ഞും – നമ്മുടെ ദൈനംദിന ജീവിതത്തെ നിയന്ത്രിക്കുന്ന കാലാവസ്ഥാ വ്യതിയാനങ്ങൾ അന്തരീക്ഷത്തിന്റെ തിരമാലകളിൽ നിന്നാണ് ഉത്ഭവിക്കുന്നത്. അന്തരീക്ഷ ശാസ്ത്രജ്ഞർ ഈ പ്രക്രിയകളെ മനസ്സിലാക്കുകയും പ്രവചിക്കുകയും ചെയ്യുന്നു, കൊടുങ്കാറ്റുകൾ, വെള്ളപ്പൊക്കങ്ങൾ, വരൾച്ചകൾ തുടങ്ങിയ പ്രകൃതി ദുരന്തങ്ങളിൽ നിന്ന് നമ്മളെ സംരക്ഷിക്കാൻ നമ്മെ സഹായിക്കുന്നു.

3. ബഹിരാകാശത്തിന്റെ വാതിൽ: നമ്മുടെ തൊട്ടടുത്തുള്ള ആകാശ ഗ്രഹങ്ങളെ മനസ്സിലാക്കാൻ അന്തരീക്ഷ ശാസ്ത്രം നിർണായകമാണ്. മറ്റു ഗ്രഹങ്ങളിലെ അന്തരീക്ഷ കൂട്ടിരിവുകളെ പഠനം നടത്തി അവിടെ ജീവന്റെ സാധ്യത വിലയിരുത്താൻ ഇത് നമ്മെ സഹായിക്കുന്നു. ചൊവ്വയിലെ കട്ടിയുള്ള കാർബൺ ഡൈ ഓക്സൈഡ് അന്തരീക്ഷം, ആ ഗ്രഹത്തിന്റെ കാലാവസ്ഥാ ചരിത്രത്തെ കുറിച്ചും അവിടെ ഏതെങ്കിലും കാലത്ത് ദ്രവജലം നിലനിന്നിരുന്ന സാധ്യതയെ കുറിച്ചും നമുക്ക് വിവരങ്ങൾ നൽകുന്നു.

Chapter 9: Conclusion: Looking Up with Wonder

- The beauty and complexity of planetary atmospheres
- The awe-inspiring vastness of the universe
- The ongoing quest to understand our place in the cosmos

Chapter 9: Conclusion: Looking Up with Wonder

അധ്യായം 9: നിഗമനം: അത്ഭുതത്തോടെ മുകളിലേക്ക് നോക്കുക

ഗ്രഹങ്ങളുടെ അന്തരീക്ഷങ്ങൾ: സൗന്ദര്യവും സങ്കീർണതയും

നമ്മൾ ശ്വസിക്കുന്ന വായുവിനെ നാം പലപ്പോഴും അവഗണിക്കാറുണ്ട്. എന്നാൽ നമ്മുടെ നീലഗ്രഹത്തെ ചുറ്റിപ്പറ്റി നിന്നു തിളക്കുന്ന ആ അദൃശ്യ പുതപ്പ് നമ്മുടെ ജീവിതത്തിന്റെ അടിസ്ഥാനമാണ്. ഭൂമിയുടെ അന്തരീക്ഷം സൗന്ദര്യവും സങ്കീർണതയും നിറഞ്ഞ ഒന്നാണ്, നമ്മുടെ ഗ്രഹത്തെ ജീവിതയോഗ്യമാക്കുന്ന വായു കൂട്ടിരിവ്. എന്നാൽ നമ്മുടെ സൗരയൂഥത്തിലെ മറ്റ് ഗ്രഹങ്ങളുടെ അന്തരീക്ഷങ്ങൾ എങ്ങനെ കാണപ്പെടുന്നു? അവ എങ്ങനെ പ്രവർത്തിക്കുന്നു? ഈ ലേഖനത്തിൽ, മറ്റു ഗ്രഹങ്ങളുടെ അന്തരീക്ഷങ്ങളുടെ സൗന്ദര്യവും സങ്കീർണതയും ഒന്ന് പര്യവേഷണം ചെയ്യാം.

1. ചൊവ്വ: ചുവന്ന ഗ്രഹത്തിന്റെ കഥ

ചൊവ്വയുടെ അന്തരീക്ഷം ഭൂമിയുടേതിൽ നിന്ന് തീർത്തും വ്യത്യസ്തമാണ്. ബഹുഭാഗവും കാർബൺ ഡൈ ഓക്സൈഡ് കൊണ്ട്

നിർമ്മിതമായിരിക്കുന്ന ഇത് കട്ടിയും തണുപ്പും കുറഞ്ഞതുമാണ്. ഇതിന്റെ ഫലമായി ചൊവ്വയിലെ ഉപരിതല താപനം -143°C മുതൽ 35°C വരെ ഇടയ്ക്കിടയ്ക്ക് മാത്രം വ്യത്യാസപ്പെടുന്നു. ഈ അന്തരീക്ഷം നമുക്ക് കാണുന്നത് ചുവന്ന മൂടൽമഞ്ഞ് പോലെയാണ്, ഏത് ചുവന്ന മണലിൽ നിന്നും പ്രതിഫലിക്കുന്ന സൂര്യപ്രകാശം മൂലമാണ്.

2. ശുക്രൻ: തിളക്കുന്ന പരിഭ്രമം

ശുക്രന്റെ അന്തരീക്ഷം സൗരയൂഥത്തിലെ ഏറ്റവും കട്ടിയുള്ളതും ഏറ്റവും ചൂടുള്ളതുമാണ്. 96% കാർബൺ ഡൈ ഓക്സൈഡ് കൊണ്ട് നിർമ്മിതമായ ഇത് ഒരു ശക്തമായ ഗ്രീൻഹൗസ് പ്രഭാവം സൃഷ്ടിക്കുന്നു, ഉപരിതല താപനം 462°C ആയി ഉയർത്തുന്നു. ഇത് വെള്ളം ഇക്കിളിപോയ് ക്കളയുകയും അതിനെ വിഷ കാർബണിക ആസിഡിലേക്ക് പരിവർത്തനം ചെയ്യുകയും ചെയ്യുന്നു. ഇതുകാരണം, ശുക്രന്റെ ഉപരിതലം ദൈവസഭവനമായിട്ടാണ് കാണപ്പെടുന്നത് – ചുട്ടുപൊള്ളുന്ന മഴപെയ്ത്തും ഇടിയും മിന്നലും നിറഞ്ഞ ഒരു നരകം.

3. വ്യാഴം: കൊടുങ്കാറ്റുകളുടെയും സുഴികളുടെയും കളിത്തട്ട്

സൗരയൂഥത്തിലെ ഏറ്റവും വലിയ ഗ്രഹമായ വ്യാഴത്തിന്റെ അന്തരീക്ഷം ഹൈഡ്രജനും ഹീലിയവും കൊണ്ട് നിർമ്മിതമാണ്. എന്നാൽ

ഈ വാതക കടലിൽ കൊടുങ്കാറ്റുകളുടെയും സുഴികളുടെയും ഒരു നൃത്തം നടക്കുന്നു.

പ്രപഞ്ചത്തിന്റെ വിസ്മയകരമായ വ്യാപകത: നക്ഷത്രങ്ങളുടെ നൃത്തവും നിഗൂഢതകളും

നമ്മുടെ നീലഗ്രഹത്തെ ചുറ്റിപ്പറ്റി തിളക്കുന്ന നക്ഷത്രങ്ങളുടെ തിളക്കമേറിയ പരവതാനി നോക്കുമ്പോൾ, നമ്മുടെ സ്ഥാനം എത്ര ചെറുതും നിസ്സാരവുമാണെന്ന് നമുക്ക് തോന്നും. ഭൂമിയെന്ന മണൽത്തരി പ്രപഞ്ചത്തിന്റെ അപാരതയിൽ, അനന്തമായ കടലിലെ ഒരു തുള്ളി പോലെയാണ്. ഈ വിസ്മയകരമായ വ്യാപകത മനസ്സിലാക്കാനുള്ള ശ്രമം മനുഷ്യ ചരിത്രത്തിലെ ഏറ്റവും വലിയ സാഹസികതകളിലൊന്നാണ്, ജ്യോതിശാസ്ത്രജ്ഞർ വർഷങ്ങളായി നമ്മെ അമ്പരപ്പിച്ചുകൊണ്ടിരിക്കുന്ന നിഗൂഢതകളുടെയും സൗന്ദര്യങ്ങളുടെയും ഒരു യാത്ര.

അളക്കാനാവാത്ത ദൂരങ്ങൾ:

പ്രപഞ്ചത്തിന്റെ വ്യാപകതയെക്കുറിച്ച് ചിന്തിക്കുമ്പോൾ, ഭൂമിയിലെ ഏറ്റവും വലിയ ദൂരങ്ങളും നിസ്സാരമായി തോന്നുന്നു. ഹിമാലയൻ കൊടുമുടികളിൽ നിന്ന് കന്യാകുമാരിയിലേക്കുള്ള ദൂരം 3,500 കിലോമീറ്റർ മാത്രമാണ്. എന്നാൽ ഏറ്റവും അടുത്ത നക്ഷത്രമായ പ്രോക്സിമ സെൻറോറി 4.24 പ്രകാശവർഷം അകലെയാണ്. ഒരു പ്രകാശവർഷം എന്നത് പ്രകാശം ഒരു

വർഷത്തിൽ സഞ്ചരിക്കുന്ന ദൂരമാണ് – ഏകദേശം 9.5 ട്രില്യൺ കിലോമീറ്റർ!

ബന്ദിപ്പുഴ തിരുവനന്തപുരം വരെയുള്ള ദൂരത്തെ നാം എങ്ങനെ കാണുന്നു? നമുക്ക് കാണുന്ന രീതി തന്നെയാണ് നക്ഷത്രങ്ങളെയും നാം കാണുന്നത്. എന്നാൽ അവ നമ്മൾ കാണുന്ന സമയത്ത് അവിടെ ഇല്ല, നമ്മെ വിട്ടുംപോയ പ്രകാശത്തിന്റെ അലകളാണ് നമ്മുടെ കണ്ണുകളിൽ എത്തുന്നത്. പ്രോക്സിമ സെന്റോറിയിൽ നിന്നുള്ള പ്രകാശം നമ്മെ എത്താൻ 4.24 വർഷമെടുക്കുന്നു, അതിനർത്ഥം നാം അവിടെ കാണുന്നത് 4.24 വർഷം മുമ്പുള്ള അവസ്ഥയാണ്!

നമ്മുടെ ക്ഷീരപഥ ഗ്യാലക്സി 100,000 പ്രകാശവർഷം വ്യാപിച്ചുകിടക്കുന്നു, അതിൽ നൂറുകണക്കിന് ബില്ല്യൺ നക്ഷത്രങ്ങളുണ്ട്. ഈ നക്ഷത്രങ്ങളിൽ ചിലത് വളരെ വലുതാണ്, നമ്മുടെ സൂര്യനേക്കാൾ പലമടങ്ങ് വലുപ്പമുള്ള ഭീമൻ നക്ഷത്രങ്ങൾ. മറ്റ് ചിലത് വളരെ ചെറുതും ഇരുണ്ടുമാണ്, നമ്മുടെ കണ്ണുകൾക്ക് കാണാൻ കഴിയാത്തത്ര. ഗ്യാലക്സികളുടെ കൂട്ടങ്ങളാണ് പ്രപഞ്ചത്തെ നിർമ്മിക്കുന്നത്, നമ്മുടെ ക്ഷീരപഥ ഗ്യാലക്സി ഈ കൂട്ടത്തിലെ ഒരു നാണ്യപ്രായം മാത്രമാണ്.

പ്രപഞ്ചത്തിലെ നമ്മുടെ സ്ഥാനം: നിരന്തരമായ അന്വേഷണം

രാത്രി കാലിൽ കാണുന്ന നക്ഷത്രങ്ങളുടെ തിളക്കമേറിയ പരവതാനി നോക്കുമ്പോൾ നമ്മുടെ ചെറുമിതയും നിസ്സാരതയും നമുക്ക് ബോധ്യമാകും. ഭൂമിയെന്ന ഒരു മണൽത്തരി, അനന്തമായ പ്രപഞ്ചത്തിന്റെ കടലിൽ ഒരു തുള്ളി പോലെ. ഈ വിസ്മയകരമായ വ്യാപകതയെ മനസ്സിലാക്കാനുള്ള ശ്രമമാണ് മനുഷ്യ ചരിത്രത്തിലെ ഏറ്റവും വലിയ സാഹസികതകളിലൊന്ന്. നമ്മുടെ സ്ഥാനം എന്താണെന്ന്, ഈ പ്രപഞ്ചത്തിൽ നമ്മൾ ഒറ്റയ്ക്കല്ലെന്ന മോഹം ഏറ്റുപിടിച്ചുകൊണ്ട് നൂറ്റാണ്ടുകളായി നടന്നുകൊണ്ടിരിക്കുന്ന ഒരു യാത്ര.

പുരാതന കാലം മുതൽ കൗതുകങ്ങൾ:

മനുഷ്യർ എപ്പോഴും നക്ഷത്രങ്ങളെ നോക്കി അതിശയപ്പെട്ടിട്ടുണ്ട്. ആദ്യകാല സംസ് കാരങ്ങൾ നക്ഷത്രങ്ങളെ ദൈവങ്ങളുമായും ആത്മാക്കളുമായും ബന്ധപ്പെടുത്തിയിരുന്നു, അവരുടെ ജീവിതത്തെ നിയന്ത്രിക്കുന്ന ശക്തികളായി കണ്ടു. ആകാശത്തെ നിരീക്ഷിച്ച് കാലാവസ്ഥ പ്രവചിക്കുകയും കൃഷി ആസൂത്രണം ചെയ്യുകയും ചെയ്യുന്നതിലൂടെ പ്രായോഗിക ആവശ്യങ്ങൾക്കായി നക്ഷത്രങ്ങളെ ഉപയോഗിച്ചു.

17-ാം നൂറ്റാണ്ടിൽ ഗലീലിയോ ഗലീലി ദൂരദർശനം ഉപയോഗിച്ച് ആകാശം നിരീക്ഷിക്കുകയും നമ്മുടെ പ്രപഞ്ചത്തിന്റെ ധാരണയെ പുനർനിർമ്മിക്കുകയും ചെയ്തു. അദ്ദേഹം ചന്ദ്രന്റെ ഉപരിതലത്തിലെ കൊടുമുടികളും വ്യാഴത്തിന്റെ ഉപഗ്രഹങ്ങളും കണ്ടെത്തി, ഭൂമിയല്ല, സൂര്യനാണ് പ്രപഞ്ചത്തിന്റെ കേന്ദ്രം എന്ന് നിർണ്ണയിച്ചു. ഗലീലിയോയുടെ കണ്ടെത്തലുകൾ ശാസ്ത്ര വിപ്ലവത്തിന് തുടക്കമിട്ടു, നമ്മുടെ സ്ഥാനത്തെക്കുറിച്ചുള്ള നമ്മുടെ ധാരണയെ പൂർണ്ണമായും മാറ്റിമറിച്ചു.

ആധുനിക കാലഘട്ടത്തിലെ കണ്ടെത്തലുകൾ:

ആധുനിക കാലഘട്ടത്തിൽ, ശാസ്ത്രീയ സാങ്കേതികവിദ്യയിലെ മുന്നേറ്റങ്ങൾ നമുക്ക് പ്രപഞ്ചത്തെ കൂടുതൽ ആഴത്തിൽ പര്യവേക്ഷണം ചെയ്യാനുള്ള അവസരം നൽകിയിട്ടുണ്ട്. റേഡിയോ ടെലിസ്കോപ്പുകൾ നമുക്ക് പ്രകാശത്തെ കാണാൻ കഴിയാത്ത വസ്തുക്കളെ നിരീക്ഷിക്കാൻ അനുവദിക്കുന്നു, കൂടാതെ നക്ഷത്രങ്ങൾ ജനിച്ച് മരിക്കുന്ന കഥ പറയുന്നു. ബഹിരാകാശ ദൗത്യങ്ങൾ ഗ്രഹങ്ങളെയും ഉപഗ്രഹങ്ങളെയും അടുത്തായി പരിശോധിക്കാൻ നമ്മെ അനുവദിക്കുന്നു, ജീവൻ നിലനിൽക്കാനുള്ള സാധ്യത കണ്ടെത്താനുള്ള തിരച്ചിൽ തുടർന്നുകൊണ്ടിരിക്കുന്നു.